마스카포네치즈 (285g)

티라미수나 치즈케이크를 만들 때 사용하는 마스카포네치즈는 생크림으로 만들어서 입에서 살살 녹는 부드러운 맛이 좋은 치즈입니다. 빵 등에 발라 드실 때는 약간의 소금 간을 하면 됩니다.

생크림 500ml, 레몬즙 1T

1. 냄비에 생크림을 붓고 중불로 끓기 직전까지 가열해요. (이때 볼에 체를 얹고 면보를 깔아 치즈를 거를 준비를 해요.)
2. 1에 레몬즙을 넣고 약불로 줄인 뒤 가로세로 대각선 모양으로 딱 3번만 저어요.
3. 5분 정도 더 가열하는 동안 한두 번 더 저어요.
4. 불을 끄고 실온에서 식힌 뒤 체에 걸러 마르지 않도록 면포로 덮은 뒤 24시간 정도 냉장 보관해요.

코티지치즈 (150g)

코티지치즈는 리코타치즈에서 생크림을 빼고
만들어서 좀 더 담백한 맛이 좋은 치즈예요. 샐
러드 등에 잘 어울려 집에서 쉽게 만들어 얼마
든지 응용이 가능하답니다.

우유 1L, 레몬즙 4T, 소금 약간

1. 우유를 약불로 데우다 가장자리가 보글보
   글 거품 나기 시작하면 레몬즙과 소금을 넣
   어요.
2. 가로세로, 대각선 모양으로 3번만 저어요.
3. 5분간 약불로 더 끓인 뒤 몽글몽글해진 액을
   면보를 깐 체에 붓고 높은 곳에 매달아 물기
   가 뚝뚝 떨어지도록 30분 정도 두어요.
4. 밀폐 용기에 담아 하룻밤 정도 냉장 보관하
   면 더 굳어요.

함께 나누는 예쁜 식탁을 꿈꾸다

제가 소개해드리는 식탁이 과일샐러드 같으면 좋겠다는 생각을 해봅니다.

다른 샐러드와는 달리 과일샐러드만의 달콤함, 싱싱함, 상큼함, 깔끔함, 아름다움이 있고,

친화력까지 좋으니까요.

여기에 우리밀 통밀가루로 소박하게 구운 따뜻한 빵을 곁들여요.

과일·채소류, 견과류, 요거트 등이 각자 본연의 매력을 발하는 잘 어우러진

맛있고 예쁜 식탁으로

사랑하는 분들과 함께 나누셨으면 좋겠습니다.

Foreign Copyright:
Joonwon Lee
Address: 127, Yanghwa-ro, Mapo-gu, Chomdan Building 6th floor,
Seoul, Korea
Telephone: 82-70-4345-9818
E-mail: jwlee@cyber.co.kr

함께 나누기 좋은 식사 혹은 브런치

빵이 있는 따뜻한 식탁

2017년 1월 25일 1판 1쇄 발행
2017년 9월 11일 1판 3쇄 발행

지은이 | 이효진
발행인 | 최한숙
펴낸곳 | BM 성안북스
주 소 | 04032 서울시 마포구 양화로 127 첨단빌딩 5층(출판기획 R&D 센터)
     | 10881 경기도 파주시 문발로 112 출판문화정보산업단지(제작 및 물류)
전 화 | 02) 3142-0036
     | 031) 950-6386
팩 스 | 031) 950-6388
등 록 | 1978.9.18 제406-1978-000001호
출판사 홈페이지 | www.cyber.co.kr
이메일 문의 | sunganbooks@naver.com
ISBN | 978-89-7067-321-9 (13590)
정가 | 16,800원

이 책을 만든 사람들
책임 진행 | 전희경
편집 · 표지 | 디자인 디박스
홍보 | 박연주
마케팅 | 구본철, 차정욱, 나진호, 이동후, 강호묵
제작 | 김유석

■ 도서 A/S 안내

성안북스에서 발행하는 모든 도서는 저자와 출판사, 그리고 독자가 함께 만들어 나갑니다.
좋은 책을 펴내기 위해 많은 노력을 기울이고 있습니다. 혹시라도 내용상의 오류나 오탈자 등이 발견되면 "좋은 책은 나라의 보배"로서 우리 모두가 함께 만들어 간다는 마음으로 연락주시기 바랍니다. 수정 보완하여 더 나은 책이 되도록 최선을 다하겠습니다.
성안북스는 늘 독자 여러분들의 소중한 의견을 기다리고 있습니다. 좋은 의견을 보내주시는 분께는 성안당(성안북스) 쇼핑몰의 포인트(3,000포인트)를 적립해 드립니다.
잘못 만들어진 책이나 부록 등이 파손된 경우에는 교환해 드립니다.

빵이 있는 따뜻한 식탁

함께 나누기 좋은 식사 혹은 브런치

이효진 지음

BM 성안북스

건강하고 예쁜 식탁으로 초대합니다!

저는 어렸을 때부터 예쁜 사진 보는 것과 맛있는 음식 먹는 걸 좋아했습니다. 이런 저에게 요리책은 오히려 그림책보다도 매력적이었어요. 일반 책에서는 보기 어려운 풍부한 사진들 속에 놀라운 자연의 색감이 가득했고, 한 단계씩 작은 변화를 거쳐 결국 멋진 결과물이 나오는 과정에 마법처럼 이끌렸지요. 그래서 자연스럽게 요리책을 수집하기 시작했습니다. 대학을 다니면서도 외국에 갈 일이 생길 때면 전공 서적보다 요리책을 먼저 구경하고 사 오곤 했어요.

중학교 시절을 미국에서 보낸 이후, 대학교와 대학원 시절 정치외교학과 국제학을 전공하면서 학업과 함께 외국 식문화에 대한 탐방 등의 이유로 많은 나라를 방문하여 생활하면서 외국의 식문화를 자연스럽게 접할 기회가 많았습니다. 다양한 나라의 음식 문화와 각 나라마다의 요리 철학은 언제나 제게 자극을 주었고 흥미로운 주제였답니다.

특히, 제가 다녔던 국제대학원에는 정말 여러 국적의 친구들이 많았어요. 체코, 우즈베키스탄, 폴란드, 볼리비아, 덴마크, 스코틀랜드 등 한국에서 자주 접하기 힘든 나라에서 온 친구들과 교류할 수 있는 좋은 계기가 되었지요. 자연스럽게 어울린 동기들이 친구들에게 대접하는 요리라든지, SNS에 올라온, 본국으로 돌아가서 만든 한국 요리 사진을 보면서 결국 사람이 장소를 추억하는 큰 매개체가 음식이라는 생각을 하게 되었어요. 외국 친구들이 자국의 음식을 한국 상황에 맞게 잘 응용하는 모습도 보기 좋았답니다. 제가 다른 나라의 음식을 만들 때면 조언과 관련된 이야기를 들을 수 있어서 재미있었지요. 지금은 뿔뿔이 흩어져 각자의 위치에서 열심히 살아가는 친구들이지만 그런 추억들이 좋은 동기부여가 됩니다.

이런 일들을 통해 제가 외국 요리, 특히 빵이 곁들여진 식탁을 좋아하게 된 거 같습니다. 물론 원래부터 엄청난 빵순이였다는 사실도 한몫 하고요.

뉴욕에 취직한 후배가 보내준 미슐랭 레스토랑 사진

인도네시아로 발령 난 학부 동기가 보내온 사진

두바이에 취직한 동기가 보내준 커피에 금 가루가 뿌려져 있는 사진

사실 다른 나라 레시피를 보면 우리의 한식과 비슷한 재료인데 다른 조리법으로 얼마든지 색다른 요리가 된다는 것이 매력적이었어요. 저를 비롯한 제 주변의 지인들 대부분의 전공은 요리가 아니지만 음식에 대한 관심이 많았기 때문에 자주 정보를 주고받았습니다. 덕분에 세계 곳곳에 거주하고 있는 지인들과 다양한 음식의 사진을 받으며 실시간으로 정보를 교류하고 지내요.

제가 소개해드리는 레시피는 빵을 중심으로 하지만 밀가루보다는 우리밀 통밀가루 사용을, 버터보다는 식물성 오일 사용을 권장하며, 다양한 채소와 과일로 만드는 건강한 빵 레시피들입니다. 고기 요리의 경우에도 칼로리가 높은 기름에 볶거나 튀기는 레시피보다는 채소를 듬뿍 넣어 찌는 조리법을 소개하며, 달콤한 디저트나 케이크 역시 홈메이드 팥앙금과 홈메이드 콤포트, 고구마 등 과일과 채소로 건강한 맛을 낼 수 있는 레시피들을 소개하고 있답니다. 늘 건강한 재료로 최대의 맛을 내고, 한 끼 식사로도 든든한 요리를 고심한 결과, 건강을 챙기는 과일과 유제품, 육류와 채소 등으로 다양하게 구성된 세트 메뉴들을 소개하게 되었습니다.

저는 평소 원플레이트 식사를 즐깁니다. 평상시 늘 금방 차려 먹을 수 있도록 미리 준비한 음식들이 있기에 여러 음식을 조금씩 덜어 먹는 재미가 좋더라고요. 특별하지 않은 일상 속에서 냉장고 속 재료로 부담 없이 혼자 혹은 단 둘이 즐기는 식사에 여유로운 마음을 더하여, 화려한 음식은 아니지만 집에서도 즐거운 카페식 테이블을 느낄 수 있는 감성을 전달하고 싶었습니다.

많은 분께서 주변 분들과 음식이라는 화두를 가지고 소통하셨으면 좋겠습니다. 맛있는 음식에 관해 이야기하는 것, 어떻게 하면 더 건강하고 더 맛있게 먹을 수 있을지, 더 예쁘고 먹음직스럽게 담을 수 있을지, 어떻게 하면 더 오랜 기간 신선하게 보관할 수 있을지, 내가 모르는 또 어떤 조리법이 있을지 얘기하는 건 참 즐겁고 설레는 일입니다. 마음 포근해지는 일이기도 합니다. 앞으로 더 많은 분과 이런 이야기를 나누고 싶습니다.

You are what you eat. 제가 항상 기억하고 실천하고자 하는 말입니다. 정성을 담은 맛있고 예쁘고 건강한 음식을 먹은 이에게 건강한 기운이 깃드는 건 세상 어디서나 그렇지 않을까요? 단순히 한 끼를 대충 때우기 위한 것이 아니라 즐거움과 나눔이 있는 식탁이 되기를 바랍니다.

아이들이 커가며 일상이 바빠짐에 따라 예전처럼 외국으로 나가기가 쉽지 않아졌지만, 집에서 소소하게 해 먹으며 여행지에서의 기분을 느끼는 것도 나름 즐겁답니다. 제 책을 통해서 많은 분들이 평소 낯설게만 느껴지던 요리들이 만들고 싶은 요리가 되었으면 좋겠습니다. 때론 평범한 1인 식탁이 분위기 좋은 카페로, 여럿이 함께 나누며 즐기는 자리가 미식 여행 탐방처럼 이색적으로 느껴져도 좋겠습니다.

마지막으로, 이 책이 여러분의 부엌에서 뿐만이 아니라 소파나 침실에 편히 누워서도 기분 좋게 펼쳐볼 수 있는 책이 되기를 바랍니다. 책이 나오기까지 꼼꼼하게 챙겨주신 성안북스 관계자분들께 감사드리며, 더불어 저를 항상 챙겨주시는 양가 부모님, 언제나 힘이 되어주는 남편과 아들딸, 그리고 함께 작은 추억을 쌓아가는 여러 지인 분들께도 감사를 드립니다. 독자 여러분들께서도 늘 건강하고 행복하시길. 그리고 언제나 맛있고 즐거운 일상을 보내시길 바랄게요. Bon Appétit!

첫 번째, 팬케이크가 있는 식탁

PANCAKE SET

•

여섯 번째, 특별히 아끼는 식탁
SPECIAL SET

•

식사빵류

초코칩스콘

감자스콘

갈레트 &크레이프

메밀갈레트

통밀갈레트

새우시금치페스토
갈레트

연어마요네즈갈레트

딸기 · 바나나 갈레트

허머스옥수수갈레트

바나나딸기잼크레이프

크레이프롤

크레이프토스트

크레이프케이크

기타 식사류

감자베이컨키슈

시금치옥수수키슈

리코타버섯피자

토르티야피아디나

아스파라거스리조또

해물리조또

치즈

리코타치즈

마스포카네치즈

코티지치즈

케이크/파이/쿠키

케이크

바나나케이크

선식케이크

단호박케이크

당근케이크

사과잼케이크

두부브라우니

파이

과일타르트

과일치즈파이

사과파이

단호박파이

단호박치즈파이

딸기치즈파이

쿠키

땅콩버터쿠키

오트밀쿠키

초코쿠키

치즈쿠키

통밀비스킷

감말랭이견과
그래놀라바

초코그래놀라
요거트

고기 생선 요리

363
꼬꼬뱅
274
닭가슴살채소꼬치
339
데리야키치킨
191
미트로프
253
베이컨채소구이
107
브로콜리닭가슴살볶음
267
비프부르기뇽
377
슈바인학센
348
이탈리아식가자미구이
207
포토프
355
프랑스식가자미구이
319
허니머스터드치킨

수프

053
감자수프
138
단호박수프
139
단호박감자수프
223
시금치수프
288
양송이수프
109
옥수수수프
216
토마토감자수프
217
토마토수프

샐러드/피클

샐러드

가지샐러드

가지애호박샐러드

감자샐러드

감자시금치샐러드

단호박샐러드

두부샐러드

브로콜리양파샐러드

사과샐러드

사과자몽샐러드

사과청포도샐러드

시금치딸기샐러드

연어샐러드

연어아스파라거스
샐러드

오렌지샐러드

오이당근샐러드

오이토마토샐러드

자몽샐러드

참치샐러드

코브샐러드

키위귤샐러드

피클샐러드

피클

당근피클

믹스채소피클

브로콜리피클

셀러리피클

아스파라거스피클

양파피클

채소 요리

078 고구마굴조림

237 고구마시나몬구이

369 라따뚜이

205 바게트병아리콩딥

254 양송이시금치볶음

198 에고카도

332 웨지포테이토

150 채소스틱

269 콜슬로

371 해슬백포테이토

148 허브감자구이

378 사우어크라우트

379 채소국물

달걀 요리

136 시금치페스토오믈렛

208 에그인헬

215 맥앤치즈오믈렛

255 치즈오믈렛

346 스패니시오믈렛

잼/소스/콤포트/과일청/페스토류

바나나딸기잼 (299) 　 고구마잼 (307) 　 망고잼 (232) 　 올리고당사과잼 (183) 　 사과포도잼 (184)

 초콜릿잼 (159)

블루베리소스 (059)

 갈릭요거트소스 (150)

 토마토소스 (209)

 크림치즈프로스팅 (093)

초코바나나크림 (089)

 시금치페스토 (137)

 허머스 (135)

 과카몰리 (380)

수제팥앙금 (097)

딸기·귤 콤포트 (085)

블루베리청 (119)

자몽청 (151)

음료/디저트_(젤리)

음료

뱅쇼

블루베리차

자몽차

로얄밀크티

상그리아

망고스무디

바나나스무디

블루베리에이드

그린스무디

블루베리스무디

모카스무디

오렌지스무디

자몽에이드

레모네이드

바나나우유

캐슈넛밀크

아이스티

큐브라떼

디톡스워터
(토마토, 바질)

디톡스워터
(배, 청포도)

디톡스워터
(자몽, 오렌지, 민트)

건강한 빵이 있는 따뜻한 식탁

밥은 먹었니? 우리 밥 한번 먹자! 배 안 고파?

아마 일상생활에서 가장 자주 듣는 말이 아닌가 싶어요. 한국인들은 왜 이렇게 밥에 집착할까 싶을 수도 있지만, 그러한 문화 속에서 맛과 멋을 느낄 수가 있어서 소중하게 생각됩니다. 반면 이번 제 책의 테마는 '빵이 있는 식탁'이기 때문에, 책을 쓰면서 '한국인에게 빵이란 무엇인가?'라는 생각을 많이 했어요. 빵은 밥처럼 역사가 오래되지도 않았고, 한국인의 소울 푸드도 아니다 보니 '빵 먹었니? 우리 빵 한번 먹자'라는 말은 들은 적도 없을뿐더러 '에이, 점심에 빵 하나 먹었어', '빵으로 때웠어'와 같은 표현이 더 익숙한 것 같아요. 그렇다면 한국인들에게 빵이란 대충 한 끼 때우는 존재, 맛은 있지만 먹으면 살찔까 봐 두려운 존재, 커피 마실 때 곁들이는 정도의 존재일까요?

제 책에서는 빵을 좀 더 친근하고 따스한 시선으로 바라보고 싶었습니다. 언제든 통밀가루를 후다닥 꺼내서 밥 짓듯이 쉽게 구울 수 있고, 나를 위해서 스스럼없이 굽고 싶은, 밥보다 간단하지만 감각적이고 영양 있게 먹을 수 있는 빵을 소개하고 싶었답니다.

가끔 아이들이 어렸을 때 읽던 동화책을 읽으면 재미있어요. 동화책 속에는 수많은 음식이 아름답게 그려져 실려 있어요. 저희 아이들도 저처럼 동화책 안에서 음식 그림 보는 걸 좋아하기에 서로 찾느라 경쟁한답니다. 〈헨젤과 그레텔〉이나 〈피터 래빗〉과 같은 유럽 동화책에 나오는, 가족들이 소박하게 식탁에 갖춰두던 빵. 간단하지만 따스하게 속을 데워주는 수프같이 편안한 존재가 바로 빵이죠.

가깝고도 편안하고 기분 좋은 빵, 그런 빵이 있는 식탁. 그리고 그러한 정감을 많은 분과 공감하고 싶습니다.

보다 건강한 베이킹을 위하여

무설탕, 무버터, 100% 통밀가루 원칙. 디저트라면 사족을 못 쓰는 저를 똑 닮은 저희 아이들 덕분에 어떻게든 눈치채지 못하게 건강한 디저트를 주고 싶었고, 하나를 먹더라도 좋은 음식, 안심할 수 있는 그런 음식을 만들고 싶었답니다. 그래서 설탕은 올리고당으로 대체하고 버터는 식물성 기름으로, 백밀가루는 우리밀 통밀가루로 대체합니다. 그러고 나서 가능하다면 자연의 색감이 아름다운 알록달록한 식재료로 장식하는 걸 좋아합니다. 크게 꾸미지 않아도 그 존재만으로도 싱그럽고 멋스러운 식재료들은 얼마나 사랑스러운지 몰라요. 바라보고만 있어도 설레는 기분입니다.

그에 못지않게 가슴이 두근거리는 순간이 바로 발효빵을 만들 때입니다. 베이킹을 즐기는 많은 분들에게 본인만의 발효 방법이 있으시겠지만, 제가 가장 좋아하는 건 실온 발효이고 항상 뚜껑이 투명한 크고 넓은 찜냄비를 사용합니다. 무엇보다 제가 곁눈질로나마 발효 과정을 볼 수 있다는 점이 참 편리합니다. 이 냄비는 어머님께서 물려주신 건데 빈티지한 디자인이 참 마음에 들어요. 레시피를 정리하든지 집안일을 하다도 혼자서 열심히 발효되고 있는 빵을 보면 왠지 모르게 기특하고 든든한 기분이 들어서, 이런 재미에 베이킹한다 싶어요. 반죽기를 쓸 때는 20분 반죽한 후에 따로 다른 통에 덜지 않고 반죽통에 천을 덮고 발효를 하기도 합니다. 이 책은 '쉬운레시피'라는 데 초점을 맞추었기에 효모를 키우는 발효종에 대해서는 싣지 않고 인스턴트드라이이스트를 활용한 레시피만 실었습니다. 만약 다음에 기회가 된다면 직접 키운 천연발효종으로 발효한 빵, 발효가 되는 과정의 벅찬 감동에 대해서도 꼭 한번 소개를 하고 싶습니다.

집에서 후다닥 굽는 쉬운 식사빵

빵은 시간이 많이 걸려서 집에서 만들기 번거롭다고 생각하실 것 같아요.
빵이 있는 식탁을 위해서 제가 집에서 초간단하게 굽는 식사빵 레시피를
소개해 드릴게요. 이 정도는 충분히 도전해 보실 수 있으실 거예요.

5분간 섞어 25분 만에 굽는 소다빵 (4인분)

통밀가루(또는 강력분) 250g, 베이킹 소다 1t, 우유 260g, 소금 1t, 토핑용 오트밀이나 밀가루 약간
* 우유는 미리 실온에 꺼내두세요.

1. 볼에 밀가루, 소금, 베이킹 소다를 거품기로 잘 섞어요.

2. 1에 우유를 조금씩 넣으며 날가루가 보이지 않을 때까지만 주걱으로 섞어 반죽이 한 덩어리가 될 때
   까지 뭉쳐요. 반죽이 처음에는 질지만 모양을 4.5cm 정도 높이로 뭉쳐주세요.

3. 윗면에 준비한 오트밀이나 밀가루를 뿌린 뒤 200℃로 예열한 오븐에서 25분 정도 구워요.

tip

진 반죽이지만 걱정마시고 모양잡을 때 4.5cm 높이로 잡아야 속이 덜 익는 것을 방지할 수 있어요.
베이킹 소다의 특성상 용량을 초과하면 쓴맛이 날 수 있으니 주의하세요.

소다빵으로 차린 원플레이트

1. 소다빵 위에 미트로프(p.191 참조)나 패티 등을 올려 구워 낸 플레이트
2. 소다빵 위에 달걀, 콜슬로(p.269 참조) 등을 올려 낸 플레이트
3. 소다빵과 두부샐러드(p.347 참조)를 곁들인 플레이트
4. 소다빵과 블루베리청(p.119 참조), 과일을 곁들인 플레이트

프라이팬으로 굽는 잉글리시머핀(6인분)

통밀가루(또는 강력분) 330g, 우유 200g, 달걀 1/2개, 인스턴트 드라이이스트 5g, 소금 4g, 포도씨유 1.5T, 올리고당 0.5T, 옥수수가루 약간 *우유와 달걀은 미리 실온에 꺼내두세요.

1. 볼에 우유, 포도씨유, 올리고당을 섞어 체온 정도까지 데워요.

2. 1에 이스트를 넣고 5분간 잘 섞어 녹인 뒤 소금과 달걀을 넣어 섞어요.

3. 2에 밀가루를 넣고 섞어 반죽이 한 덩어리가 될 때까지 20분 정도 치댄 다음 6덩이로 나눠요.

4. 각 덩이에 옥수수가루를 고루 묻힌 뒤 밀폐된 공간에 넣고 부피가 2배로 될 때까지 1시간 정도 발효해요.

5. 약불로 달군 팬에 13분 정도 굽되 중간에 한 번 뒤집어 앞뒤로 고루 익혀요.

6. 머핀을 반으로 가른 다음 속까지 고르게 익혀주세요. 또는 180℃로 예열한 오븐에서 10분 정도 구워주세요.

— **tip** —

옥수수가루는 잉글리시머핀 특유의 겉면의 까슬까슬함을 내기 위해서이니 없으면 생략하세요.

1. 잉글리시머핀 위에 과카몰리(p.380 참조)를 올린 플레이트
2. 잉글리시머핀 사이에 치즈, 달걀, 채소를 올린 샌드위치
3. 잉글리시머핀에 피자소스를 바르고 토마토, 모차렐라치즈를 올려 180℃에서 15분 정도 구운 피자
4. 잉글리시머핀에 블루베리청(p.119 참조)과 과일을 곁들인 플레이트

프라이팬으로 굽는 카스테라(지름 16cm 1호틀 2개)

통밀가루(또는 박력분) 60g, 사탕수수당 60g, 달걀 3개, 우유 1T, 꿀1T * 달걀과 우유는 실온에 미리 꺼내두세요

1. 우유와 꿀을 섞어 체온 정도로 데우고 박력분은 체를 쳐두세요.

2. 볼에 달걀과 사탕수수당을 넣고 거품기로 매끈하게 섞거나 핸드믹서를 중속으로 돌리면서 믹서날을 들었을 때 떨어지는
   반죽이 리본의 띠 모양이 그려질 때까지 섞어주세요.

3. 2에 1을 넣고 날가루가 보이지 않을 때까지 주걱으로 고루 섞어요.

4. 3을 유산지 깐 틀에 반 정도 붓고 거품이 없어지게 가볍게 내려치세요.

5. 약불로 달군 팬에 4의 틀을 넣고 뚜껑을 닫은 뒤 35분 정도 윗면이 보송보송하게 구워요.

6. 윗면에 유산지를 받치고 윗면이 아래로 가게 뒤집어 뚜껑을 닫고 5분 정도 약갈색이 날 때까지 구워요.

겉은 바삭 속은 촉촉한 치아바타 (26×18cm)

통밀가루(또는 강력분) 500g, 실온의 물 430g, 올리브유 1T, 인스턴트 드라이이스트 1.5t, 소금 1.5t, 설탕 0.5t

1. 볼에 강력분, 드라이이스트, 설탕을 넣고 거품기로 잘 섞은 뒤 물과 소금을 넣고 섞어요.

2. 날가루가 보이지 않을 때까지 반죽하여 어느 정도 뭉쳐지면 올리브유를 넣고 한 덩어리로 만들어 랩을 싸서 1시간 정도 실온에서 발효해요(이때 반죽을 치대지는 않지만 올리브유와 반죽이 잘 섞이도록 해줘요).

3. 반죽이 2배로 부풀면 오븐 팬에 종이 포일을 깔고 반죽을 올려 반으로 접으며 길쭉한 모양으로 만들어요. 이때, 반죽을 4덩이로 나누어 구우면 샌드위치에 알맞은 크기가 됩니다.

4. 200℃로 예열한 오븐에서 30분 정도 굽되, 굽기 직전 분무기로 오븐 안에 물을 몇 번 뿌려주세요. 물을 뿌려주면 바삭한 식감이 나요.

---

t i p

치아바타는 겉은 바삭하고 속은 촉촉하고 부드러운 식감이라 그냥 먹어도 맛있어요.
보통 올리브유에 발사믹 식초를 넣어 찍어먹지요. 햄과 치즈를 올려 샌드위치로 먹으면 든든한 식사가 됩니다.
과정 2의 마지막 단계에서 슬라이스한 올리브를 조금 넣으면 풍미가 좋아집니다.

크랜베리와 아몬드가 콕콕 박힌 빵드깜빠뉴 (15×10cm 4개, 4인분)

통밀가루(또는 강력분) 500g, 물 2컵, 소금 10g, 인스턴트 드라이이스트 2g, 건조 크랜베리 100g, 아몬드슬라이스 50g(토핑용 크랜베리와 아몬드는 다른 토핑으로 변경 가능)

1. 물에 이스트를 잘 녹인 뒤 소금을 섞어요.

2. 볼에 밀가루를 넣고 1을 섞은 뒤 랩을 씌워 15분 정도 기다려요.

3. 반죽이 한 덩어리가 될 때까지 20분 정도 반죽하다 마지막 단계에서 크랜베리와 아몬드를 섞고 잘 치대요.

4. 1시간 반쯤 1차 발효한 뒤(손가락에 밀가루를 묻혀 구멍을 뚫어보고 구멍이 그대로면 ok!) 4덩이로 나눠요.

5. 비닐을 덮고 20분 정도 중간 발효한 뒤 다시 뭉쳐 공기를 빼요. 이때 빵 모양이 뭉개지지 않도록 비닐을 덮는 대신 넓은 팬에 반죽을 넣고 뚜껑을 닫아 밀폐된 공간(전자렌지 속)에 넣어두면 좋아요.

6. 50분쯤 2차 발효를 한 뒤 취향에 따라 칼집을 적당히 내요.

7. 230℃ 예열한 오븐에서 25분 정도 구워요. 굽기 직전 분무기로 오븐 안에 두어 번 이상 물을 뿌리면 껍질이 바삭하고 더 맛있어요.

——— **t i p** ———

건과일은 럼에 절였다 손으로 짜서 물기를 제거하고 견과는 마른 팬에 볶은 뒤 식혀 사용하면 풍미가 훨씬 좋아요.

초코칩을 넣은 깜빠뉴

집에서 만드는 플레인요거트

저는 가족의 건강을 위해서 발효 음식인 플레인요거트를 식탁에 자주, 거의 매일 올려요. 시판 요거트처럼 단 맛이 없기 때문에 꿀이나 올리고당 등을 넣고 생과일을 곁들이거나 생과일로 만든 콤포트 또는 건과일과 견과류, 그래놀라 등과 함께 다양하게 내면 가족들이 맛있게 잘 먹는답니다.

일반 우유 1L(무지방이나 저지방 우유 안됨), 시판 유산균 음료 1병(또는 유산균 1포), 나무 젓가락

뚜껑이 있는 전자렌지용 용기에 우유를 붓고 뚜껑을 닫은 뒤 3분 정도 데운 후 유산균 음료를 붓고 나무젓가락으로 잘 섞어 뚜껑을 닫아 2분 정도 더 데웁니다. 그대로 전자레인지의 문을 닫은 채 8시간 정도 두면 발효가 됩니다. 이후 냉장고로 옮겨 굳힌 후 드세요. 시판 요거트처럼 매끈하지는 않지만 상큼하니 맛있답니다.

다양하게 활용되는 플레인요거트

1. 플레인요거트에 딸기잼 올리기
2. 플레인요거트에 다양한 과일 올리기
3. 플레인요거트에 딸기 · 귤 · 키위 콤포트 올리기
4. 플레인요거트에 딸기 등을 넣어 만든 파르페

요리할 때 설레는 일상의 순간들

요리를 하면서 가장 보람 있는 순간이란, 누구나 그렇겠지만 상대방이 맛있게 먹어줄 때가 아닌가 싶습니다. 그리고 나의 음식을 작은 추억으로 기억해줄 때도 참 즐겁습니다.

요리를 하는 순간의 즐거움도 무척 크지요. 가끔 스스로가 연금술사처럼 느껴질 때가 있답니다. 특히 드레싱 요리를 할 때 비슷한 재료들로 매번 비율을 조정해 새로운 맛의 드레싱을 만들 때가 가장 재미있죠. 앞으로도 세상의 많고 많은 채소를 쉽고 맛있게 드레싱해서 먹을 수 있는 방법을 연구하고 싶습니다.

빼놓을 수 없는 즐거움은, 정성껏 플레이팅해서 찍은 사진을 온라인에 올린 뒤 다른 분들과 소통하는 순간입니다. 레시피 공유에만 그치는 것이 아니라 서로의 정보를 교환하고 다른 플레이팅을 제안하는 일들은 지속적인 동기부여가 되기에 많은 분들께 추천합니다.

요리를 상상하는 일

요리는 문화라고 생각합니다. 그 요리가 존재하는 시간과 공간의 모습, 재료를 배합하는 비율, 상차림 등에는 그 세상의 문화가 담겨 있습니다. 만약 이 책을 통해 저의 세상이 다른 분들에게 전달되고 그로 인해 행복감이나 미소를 전달할 수 있게 된다면 참 기쁠 것 같아요. 감성이 통하는 분들을 만나면 반가운 마음이 드는데, 혹여 저와 취향이 다르시더라도 아, 이런 감성으로 요리를 즐기는 사람이구나 하고 생각해주시면 참 좋을 거 같습니다.

식구들이 외식을 즐기지 않다 보니 가끔은 온종일 요리만 하나 싶은 날도 있어요. 평소 가족이 먹는 아침, 점심, 저녁 사이에도 간간이 간식을 준비하고, 또는 선물할 자리가 생겨 그것까지 하다 보면 주방이 종일 쉴 틈이 없답니다. 하지만 잠들기 전이나 식구들이 곤히 잠들어 있는 새벽에 10분 정도, 주방용품을 정리하고 접시들을 제자리에 넣는 그 시간이 오롯이 저만의 시간 같아서 참 좋아요. 체계적인 구상을 하기보다 그때그때 식재료나 기분에 따라 음식을 만들고 테이블 세팅을 해서 그런지 몰라도, 이런 10분간의 정리 시간이 소중하게 느껴진답니다. 냉장고나 냉동실을 매일매일 점검하는 것도 즐거운 일이죠. 저장식(피클, 잼 등)이 뭐가 남았는지, 생채소가 뭐가 있는지, 과일은 또 어떤지 체크하며 내일은 이걸 요리해볼까, 여기엔 이걸 섞어서 해보아야지 상상하며 마음이 두둥실 가벼워집니다.

홈메이드 - 세상 모든 걸 집에서 다 만들 수 있다면

제 음식을 접하신 분 중에 "이런 요리가 집에서 가능한지 몰랐다"라고 하시는 분이 많습니다. 전 기본적으로 가게에 파는 물건, 공장에서 만들어진 물건 대부분은 집에서도 만들 수 있다고 믿어요. 이런 생각에는 아마도 초기에 서울에서 디저트를 판매했던 경험 덕분일 거라 생각합니다.

'보통 빵집에서 파는 것처럼 대량으론 못해도 만드는 거 자체가 어려운 건 아니잖아? 그렇다면 다른 음식도 그렇지 않을까?' 이런 생각을 했던 게 시작이었습니다. 자꾸 "집에서 가능한지 몰랐다"고 하실 때마다 도전 의식이 활활 불타올라 처음엔 별다른 생각 없이 사 먹기만 했던 디저트도 집에서 시도해보곤 했습니다. 이 책이 여러분에게도 도전이 되셨으면 좋겠습니다.

식탁을 좀 더 따뜻하게 만드는 소품들

패브릭

키친클로스(kitchen cloth)라고는 하지만 뜨거운 것을 집을 때 빼고는 아까워서 뭘 닦거나 하진 않는답니다. 계절에 상관없이 제게는 편안한 기분을 주는 존재이기도 합니다. 도매 상가에 가면 좀 더 합리적인 가격의 제품을 색상별로 찾을 수 있습니다. 식탁에 따스한 느낌을 불어넣고 싶을 때, 또는 색감이 추가적으로 필요하다는 느낌이 들 때 종종 사용합니다.

자주 써도 질리지 않고 큰 부담 없이 자주 빨 수 있는 무채색과, 특유의 구깃구깃한 자연스러움을 좋아합니다. 특히 연한 베이지색, 모래색, 갈색, 남색의 빈티지하고 내츄럴한 느낌이 참 좋아요. 부담이 없고 편안한 기분……. 게다가 패브릭을 까는 것만으로도 식탁의 느낌이 확 살아날 수 있지요. 조금은 더 신경 쓴 거 같은 마음에 식탁을 차리는 이도 받는 이도 즐거워집니다.

테이블 매트

손님상에 개인 매트를 깔아두면 한결 정돈되고 정성이 담긴 느낌을 줍니다. 라탄이나 방수처리가 된 것 등 색상과 소재가 다양하니 계절별로 즐겨보세요. 매트만으로도 계절감이 확 살아나는 걸 느낄 수 있답니다. 저는 너무 딱딱한 느낌의 매트보다는 부드러운 천 소재를 좋아합니다. 식사 후 바로 세탁기에 넣을 수 있고, 뒤집거나 접어서 음식을 덮는 용도로도 쓰곤 합니다.

양초

같은 식탁이라도 촛불이 켜져 있으면 훨씬 아늑한 느낌을 줍니다. 일상의 식탁에 촛불을 두는 것 하나만으로도 갑자기 분위기가 살아나는 것을 느낀답니다. 긴 양초는 긴 대로, 코인 타입의 작은 양초는 작은 대로 매력이 있으니, 특별한 분위기를 내고 싶을 때 양초를 활용해보는 건 어떨까요?

여름에는 살짝 부담스러울 수도 있지만 가을이나 겨울밤에는 참 잘 어울립니다. 요즘 유행인 향초도 좋지만 음식 냄새와 섞일 수 있기에 식사 자리에는 적합하지 않겠죠. 똑같은 촛불도 계절이나 시간에 따라 느낌이 달라지는데, 여름의 촛불은 정열적이고 겨울의 촛불은 따스한 느낌을 주는 것 같습니다. 새벽의 촛불은 고상하고 저녁의 촛불은 우아하게 느껴지고요.

조미료통

조미료통, 특히 소금통과 후추통은 약방의 감초처럼, 식탁에 놓여 있으면 귀엽고 재미난 아이템이라 생각합니다. 사실 수프를 먹을 때 빼고 딱~히 필요하진 않지만, 이런 감성 때문에라도 여러 개를 수집한답니다. 제가 제일 좋아하는 스타일은 입구가 스테인레스 스틸 재질이고, 몸체가 유리로 되어 내부가 보이는 가장 클래식한 스타일이에요. 입구가 쉽사리 지저분해질 수 있기에 늘 닦아서 소중히 관리합니다.

앤티크 은식기

앤티크 은식기는 보는 것만으로도 기분이 좋아집니다. 단순히 모양뿐 아니라 들었을 때의 묵직한 느낌, 입에 닿는 감촉, 서로 부딪혔을 때 챙챙거리는 맑은소리 등……. 일반 식기보다 관리할 때 조금 더 손이 가긴 해도 충분히 그럴 가치가 있다고 생각해요. 전 치약으로 꼼꼼히 닦은 뒤 마른 수건으로 닦아 물기를 말리고 나서 공

기가 닿지 않도록 비닐에 싸서 보관합니다.

한국에서는 다양한 디자인의 식기를 구하기가 힘들어서 외국 여행을 갈 때 플리마켓이나 앤티크숍에 가서 구하곤 했습니다. 또는 온라인상에서 수집, 판매하시는 분들께 문의를 하고요. 세월의 흔적을 고스란히 간직한 물건들을 보면 그 물건에 대한 경외심까지 느껴진답니다.

빈티지 그릇

가장 좋아하는 그릇 스타일이 북유럽 빈티지입니다. 특히 아라비아 핀란드의 투박한 매력을 사랑해요. 단종되어 시중에서 구하기 어려운 물건에도 더욱 애착이 갑니다. 물건을 쓸 때마다 전에는 어떤 사람이 어떤 생각으로 이 물건을 접했을까 상상하는 일이 기쁘답니다.

그릇의 색깔 역시 카키색, 검정색, 베이지색, 흰색 등 가장 기본적인 색을 좋아합니다. 자연스럽되 지저분하지 않은 느낌, 긴장을 풀어주는 따스하고 기분 좋은 느낌을 선호하고, 테이블 세팅이나 평소 조리를 할 때도 내내 이점을 숙지하고자 합니다. 일반 상점에서는 구하기 쉽지 않다 보니 인터넷을 통해서 또는 외국 여행 때 조금씩 사 모으고 있습니다. 세월의 흔적이 지워질세라 식기세척기에 돌리지 않고 조심조심 사용한답니다.

북유럽 빈티지는 아니지만 친정엄마께서 혼수로 가져온 식기처럼 가족의 추억이 묻은 물건도 소중히 합니다. 저보다도 나이가 많을 식기를 마주할 때면 저 역시 고이 잘 쓰고 아끼다 딸아이에게 물려주어야지 하는 생각이 들곤 합니다.

꽃과 식물

반드시 생화가 아니더라도 작은 관엽식물도 좋고 직접 말린 꽃도 좋아요. 생화의 싱그러움과는 또 다르게 말린 꽃은 빈티지하고 따스한 느낌을 준답니다.

얼마 전까지 살았던 집 가까이에 꽃시장이 있었어요. 꽃시장에서 수많은 꽃을 접하다가 시골로 이사 오니 동네 꽃집에 빨간 장미, 노랑 국화와 같은 한정된 품목밖에 없다는 게 속상했답니다. 그렇다고 꽃을 사기 위해서 먼 곳에 있는 꽃시장까지는 잘 안 가게 되어 고민이던 차에, 동네 곳곳 길가에 피어 있는 들꽃이 눈에 띄었습니다. 개인적으로 꽃이 너무 화려하거나 알록달록하면 식탁의 음식을 돋보이게 하지 못해 별로였는데요, 빈티지나 마음이 편안해지는 컴포트 푸드(comfort food)를 좋아해서인지, 잔잔한 느낌의 꽃이나 흰색의 꽃을 참 좋아합니다. 그래서 시골에서 사는 동안은 들꽃이나 농원에서 구한 꽃 또는 초록 식물로 테이블을 꾸미곤 했습니다. 이제 다시 큰 꽃시장과 가까운 서울 집으로 왔으니, 송이가 크고 흰색 또는 색이 연한 싱싱한 꽃들과 함께할 수 있게 되었네요.

식탁에 올려 며칠간 기분이 화사해지는 꽃과는 또 다른 느낌이 드는 게 화분입니다. 사피니아처럼 물만 주면 쉽게 키울 수 있는 꽃들은 베란다에 두는 것만으로도 눈이 즐겁답니다. 사피니아 역시 흰색이 제일 좋고, 미안하긴 하지만 가끔은 조금 꺾어 식탁을 장식하기도 해요. 꽃병이 몇 개 있긴 하지만 입구가 좁다 보니 씻고 관리하기가 쉽지 않았어요. 그래서 투명한 유리컵을 대신 쓸 때도 있답니다. 꽃으로 식탁을 꾸밀 때는 단순히 꽂아두는 거 외에도 꽃잎을 흩뿌린다거나 물을 담은 얕은 그릇에 꽃을 담가두는 것처럼 다양한 방법을 쓰기도 해요.

제 요리에 자주 등장하는, 좋아하는 식재료를 꼽는다면

블루베리

모양도 색깔도 심지어 이름까지도 예쁜 블루베리지만, 생블루베리는 대량으로 쓰기엔 가격이 부담됩니다. 하지만 냉동 블루베리는 비교적 부담 없이 쓸 수 있어요. 알도 작아서 굳이 다지거나, 해동하는 데 오래 걸리지도 않아서 즐겨 사용합니다. 스무디를 만들 때는 냉동 블루베리와 우유를 넣고 블렌더로 바로 갈아도 될 정도로 편하고요. 스무디, 달콤한 타르트에서부터 식사용 샐러드에까지 넓은 분야에서 대활약하는 블루베리랍니다.

바나나

바나나는 정말이지 반할 만한 식재료예요. 스무디, 아이스크림, 잼, 케이크, 팬케이크 등 각종 디저트를 만들 수 있고 데코로도 유용하게 쓰입니다. 초콜릿이나 시나몬과의 어울림도 참 좋고요. 어디서든 구하기 쉽고, 껍질 벗기기도 쉬우며, 특유의 쫀득한 성질이 음식에 점성을 더해주는 역할도 합니다. 특히 펙틴을 다량 함유하고 있기에

잼을 만들 때 따로 펙틴 분말을 넣지 않아도 되는 점도 편리합니다. 말랑해서 조리하기도 편하고 달콤해서 맛있는 바나나를 과일 중에서 가장 좋아한답니다.

시금치

시금치는 생채소로도, 페스토로도, 볶아서도 맛있게 먹을 수 있는 게 장점! 어린 시절 추억의 캐릭터인 뽀빠이가 생각나는 정감 어린 채소이기도 합니다. 다른 잎채소들에 비해 잎에 탄력이 있어 그런지 냉장고에 며칠 있어도 표시 나게 시들지도 않아요. 시금치 페스토는 한 병 만들어두면 오믈렛에 넣어도, 빵에 발라먹어도, 빵에 바른 뒤 구워도 그 맛이 뛰어나서 시금치만 보면 후다닥 페스토를 만들고 싶을 정도랍니다.

시나몬 가루

커피와 잘 어울리는 시나몬 가루는 여러 과일들과도 참 잘 어울려서 사과잼이나 바나나잼을 만들 때 자주 넣곤 합니다. 달콤하며 향긋하고 고소한 그 풍미를 따라갈 다른 가루가 있나 싶어요. 시나몬 가루도 좋지만 시나몬 스틱도 참 편리합니다. 차에 곁들이기도 좋으며 겨울에 솔방울과 함께 두면 겨울 분위기를 내는 데도 참 좋아서 자주 사용합니다. 시나몬 스틱은 온라인에서 큰 팩으로 판매하고 있으니 한 번에 대량으로 구매해두면 요모조모 유용하게 쓸 수 있답니다.

디종 머스터드

샐러드드레싱에 주로 쓰지만 고기 요리에도 사용합니다. 샛노랗고 동글동글한 겨자씨가 콕콕 박혀 톡 쏘는 맛이 나고 끝 맛이 부드러워 드레싱용으로 자주 사용합니다. 가끔 일반 머스터드로 대체해도 되냐는 질문을 받는데, 일반 머스터드도 맛은 진하지만 디종의 겨자씨가 없어서 풍미가 덜할 수 있습니다. 한 병 사서 요긴하게 사용해보세요.

허브

집에서 기본적으로 키우는 허브는 파슬리, 로즈메리, 민트, 바질입니다. 디저트나 좀 더 아기자기하고 여성스러운 느낌을 낼 때는 애플민트를, 싱그럽고 풋풋한 느낌을 낼 때는 스피아민트를 즐겨 사용합니다. 만약 2가지 정도만 키우고 싶다면 애플민트와 바질을 키워서 민트는 달콤한 음식에, 바질은 매콤하거나 짭짤한 식사에 곁들이기를 추천합니다. 플레이팅을 할 때도 접시에 초록색감이 부족하다고 생각될 때는 화분의 민트를 따곤 합니다. 허브잎 하나만으로도 음식의 분위기나 감각이 확 살아나는 걸 알기에 늘 허브를 키우게 되네요. 대형 마트에서 가끔씩 소량으로 팔기도 하지만 가격도 부담이고 무엇보다 금방 시들어서 그리 선호하지 않아요. 이번 기회에 화분에서 키워 집에서 직접 키워 먹는 행복을 느껴보시는 건 어떨까요?

주로 사용하는 식재료

버터 대신 카놀라유/포도씨유

카놀라유와 포도씨유는 집에 늘 갖춰두고 번갈아서 사용합니다. 올리브유는 특유의 풍미가 있기에 디저트를 만드는 데는 적합하지 않지만 다른 요리, 특히 샐러드를 만들 땐 자주 사용합니다. 집에 로즈메리나 바질과 같은 허브가 있다면 올리브유 안에 넣어두고 디저트 이외의 요리를 할 때 써보세요. 풍미가 한층 좋아진답니다.

설탕 대신 올리고당

저는 투명한 색의 프럭토올리고당 100%(식이섬유 33% 이상 함유)의 제품을 쓴답니다. 프락토올리고당은 다른 당류보다 칼로리가 낮으면서 몸에 잘 흡수되지 않고, 대부분 배출되기에 큰 걱정 없이 자주 사용합니다. 아가베 시럽, 꿀 등으로도 대체할 수 있지만, 특유의 색깔 때문에 자연의 색감을 살리고 싶은 디저트에는 올리고당을 더 선호하는 편입니다. 메이플시럽도 독특한 풍미가 있으니 취향껏 사용하세요.

백밀가루 대신 우리밀 통밀가루

우리밀은 무방부제 제품이 대부분이기에 보존 기간이 다른 밀가루보다 짧으므로 밀봉해 냉장 보관하는 것이 좋습니다. 한 입 베어 먹었을 때 느껴지는 구수한 매력에 늘 기쁘게 사용합니다. 일반적으로 판매하는 소량 포장된 제품의 양은 750g이고 제 레시피는 1회에 대부분 200~300g을 사용하기에, 한 팩을 사시면 레시피 3개 정도는 만들 수 있습니다. 물론 집에 통밀가루가 없으실 때는 제 레시피에서 빵 종류는 강력분으로, 과자 종류는 박력분으로, 와플·팬케이크·스콘은 중력분으로 대체하시면 됩니다.

달걀

중간 크기의 신선한 유정란을 쓰고, 베이킹 전에 실온에 30분 정도 꺼나 둡니다(다른 재료와 잘 섞이도록 하기 위해서랍니다). 맛도 좋고 영양도 풍부해서 하루 한 끼 식사엔 꼭 달걀을 곁들일 정도입니다. 제 레시피 중에도 오믈렛, 프리타타, 키슈 등과 같은 달걀 요리가 많습니다. 베이킹할 때도 중요한 재료이기에 떨어지지 않도록 냉장고에 늘 갖춰둡니다.

우유

주로 무지방 우유를 쓰지만 카페라떼의 진한 맛이 그리울 때는 일반 우유를 쓸 때도 있습니다. 무지방 우유가 없다면 저지방이나 일반 우유 또는 소량일 경우에는 두유로도 대체할 수 있습니다. 저는 우유 역시 베이킹 전에 미리 실온에 30분 정도 꺼내두고 사용합니다.

펙틴

밀가루처럼 생긴 분말로 잼이 물처럼 줄줄 흐르지 않게 해줍니다. 인터넷 잼 관련 사이트에서 저렴하게 살 수 있습니다. 워낙 소량씩 사용하기에 한 통 사두면 오래 쓸 수 있습니다. 만약 이 책의 잼 레시피를 따라 하실 때 펙틴이 재료에 없다면 생략해도 좋아요. 대신 잼이 묽어져서 빵에 바르기보다는 요거트에 타 먹기 좋게 된답니다.

초콜릿

제과 재료상에서 파는 다크커버춰초콜릿(카카오함량 57% 이상)을 사용합니다. 코인 형태로 된 제품이 후딱 녹이거나 굳힐 때 다질 필요가 없어서 더 편리합니다. 없을 때는 마트에서 파는 일반 초콜릿을 쓰시면 맛은 더 달아지겠지만 과정상에 큰 영향은 없답니다.

요리를 더욱 쉽게 해주는 유용한 조리 도구

반죽기

섞기만 하면 되는 빵을 제외하고 저의 모든 발효빵은 20분 이상의 반죽 시간이 필요합니다. 대부분 제빵을 부담스러워하는 이유 중 하나가 바로 이 반죽 때문인 거 같아요. 처음에는 손반죽을 고수하다 빵 굽는 횟수나 양이 늘어나면서 마련한 제빵기. 최근 몇 년간은 반죽 기능만 쓰고 있는데 대만족이에요. 제가 10년간 잘 쓰고 있는 건 오성 반죽기인데, 최근 구입한 키친 에이드는 마카롱과 제느와즈처럼 휘핑 기능이 필요할 때 빼곤 별로 쓸 기회가 안 생기기에 아쉬워하고 있답니다.

거품기

가장 이상적으로는 통밀가루를 체로 걸러 써야 하지만, 체를 치는 과정이 번거롭기도 하고 집을 너무 어지르게 돼서 고민했습니다. 또한 그립형으로 체를 치게 되어 있는 제품은 저처럼 대량을 작업하는 사람에게는 고장도 잦고 불편했습니다. 체를 치는 목적이 가루에 공기를 불어 넣고 덩이를 풀어주는 것이기에 전 거품기로 대체합니다. 거품기로 섞게 되면 100%까지는 아니더라도 충분히 비슷한 효과를 낼 수 있답니다. 거품기로 볼에 담긴 가루를 골고루 섞는 것인데, 좀 더 효과적으로 하려면 최대한 촘촘한 거품기를 쓰고 가능한 여러 번 섞어주세요.

알뜰 주걱

베이킹할 때 재료를 야무지게 긁어서 다른 볼로 옮기기 위해서 꼭 필요한 도구입니다. 일단 재료의 낭비도 막을 수 있지만 설거지에도 큰 도움이 되기에 알뜰 주걱은 종류별로 두고 쓰는 편이에요. 평소 조리를 할 때도 그렇지만 특히 잼을 만드는 경우에 냄비 가장자리에 묻은 잼이 타는 걸 알뜰 주걱으로 긁으면서 방지한답니다. 싹싹이 주걱이라는 귀여운 이름으로 부르는 분도 계시는데요, 어떻게 부르든 너무도 유용한 쓰임 때문에 참 좋아하는 주방 친구랍니다. 음식에 상관없이 자주 쓰기에 전 요리용, 디저트용으로 나눠서 여럿 갖고 있어요.

핸드 블렌더

잼, 페스토, 아이스크림 또는 스무디를 만들 때 이 핸드 블렌더를 얼마나 유용하게 쓰는지 몰라요. 믹서는 씻고 장착해야 하는 등 여러 과정이 번거롭지만, 핸드 블렌더는 냄비에 바로 넣어서 쓸 수도 있어서 참 편하답니다, 튀는 걸 조심하기 위해 깊은 냄비를 쓰는 게 좋아요. 단 칼날이 날카로워 아이가 있는 집에는 위험할 수 있으니 사용하지 않을 때는 꼭 코드를 뽑아두세요. 어렸을 때 친정엄마가 핸드 블렌더를 '도깨비방망이'라고 부르던 그때의 추억이 블렌더를 볼 때마다 방울방울 떠오른답니다.

계량에 대해

제가 의외로 가장 고민을 많이 했던 부분입니다. SNS에 레시피를 공유하면서 받은 질문 중에, 생각보다 계량법에 관한 질문이 많았습니다. 처음엔 저울이 필요 없는 미국식 계량컵인 1컵(240ml)을 한국/일본식인 1컵(200ml)으로 표기했더니 오히려 gram 계량법을 더 선호하시는 걸 알게 되어 최종적으로는 g식 계량으로 표기하였습니다.

계량 원칙

◆ 가루나 그 음식의 중심이 되는 재료는 g로 표기합니다.

◆ 소량(4T 이하)의 양념처럼 스푼으로 표기하는 게 나을 땐 스푼(T, t)으로 했습니다. T는 테이블스푼(큰술)이고, t는 티스푼(작은술)을 의미합니다.

◆ 입맛에 따라 개인차가 있기 마련인 소금, 후춧가루 등은 '약간'으로 표기했습니다.

◆ g보다 편한 몇 가지에 대해선 다음과 같이 표기했습니다. 달걀은 *개, 베이컨은 *줄, 식빵은 *장.

첫 번째,
팬케이크가 있는 식탁

납작하고 동그란 모양이 사랑스러운 팬케이크(pancake). 일반 프라이팬으로 만들지
만 케이크처럼 부드럽고 달콤하고 촉촉하기에 그런 이름이 붙었겠지요.
조리법은 간단하지만 다양하게 응용할 수 있어서 정말 착한 메뉴랍니다.
일반 밀가루로 만든 팬케이크는 보들보들 폭신폭신 부드럽겠지만, 제가 소개하는 팬케이
크는 약간 거친 통밀가루로 만든 팬케이크라 처음에는 다소 거칠게 느껴질 수도 있습니다.
좀 투박하지만 담백하고 소박한 맛에 금방 익숙해질 거예요. 통밀가루 대신 일반 밀가루로
교체하서도 좋습니다.
팬케이크를 구운 뒤 식혀 냉동하면 2주 정도 보관 가능해요. 드실 때 자연 해동 후 토스터기에 살
짝 데우면 맛있답니다. 전자레인지에 데워도 좋지만 조금만 시간이 길어져도 질겨질 수 있으니 주의
하세요. 다양한 팬케이크를 활용한 식탁을 소개합니다. 팬케이크의 무한한 변신에 더욱 반할 거예요.

Pancake

기본 팬케이크

(1-2인분, 17cm 크기 4장 분량)

×

통밀가루(또는 중력분) 130g, 우유 200g, 포도씨유 2T, 올리고당 2T,

베이킹파우더 2t, 소금 · 바닐라에센스 약간씩

1 볼A : 통밀가루, 베이킹파우더, 소금을 넣고 거품기로 가볍게 섞어요.

2 볼B : 우유, 포도씨유, 올리고당, 바닐라에센스를 넣고 잘 섞어요.

3 볼A와 볼B를 섞어 날가루가 보이지 않을 때까지 거품기로 잘 섞어요.

4 약불로 달군 팬에 기름을 살짝 두르고 키친타올로 닦아낸 뒤 적당한 크기로 반죽을 부어요.

5 표면에 공기구멍이 몇 개 올라오면 뒤집어서 노릇하게 구워요. 공기구멍이 전체적으로 올라온
뒤에 뒤집으면 팬케이크가 너무 익어서 질길 수 있으니 유의하세요.

 우유는 두유로 대체할 수 있어요. 넉넉하게 만든 팬케이크는 각각 밀봉 포장하여
냉장실에서 2일, 냉동실에서는 2주까지 보관 가능해요.

Oatmeal Pancakes
Potato Soup

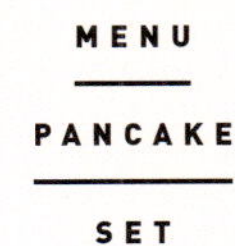

오트밀팬케이크

감자수프

뱅쇼

식이섬유가 풍부해 건강식과 다이어트식에 많이 사용하는 오트밀로 만든 팬케이크는 담백한 맛이 좋답니다. 전 오독 오독 씹히는 오트밀 갈갱이가 좋더라고요. 뭉근하게 끓인 감자수프는 부드러운 맛에 자꾸 숟가락이 가지요. 함께 곁들이는 뱅쇼(vin chaud)는 프랑스에서 부르는 이름이고요, 미국에서는 (hot mulled wine 또는 hot wine이라고 부른답니다. 아련한 시나몬과 오렌지향이 몸을 따스하게 해주지요. 먹다 남은 와인이 있으면 한번 시도해 보세요.

오트밀팬케이크
(3-4인분)

통밀가루(또는 중력분) 220g, 오트밀 150g, 베이킹파우더 2t, 베이킹소다 1t, 소금 약간, 달걀 2개, 올리고당 2T, 우유 400g, 포도씨유 적당량

1   볼A : 통밀가루, 오트밀, 베이킹파우더, 베이킹소다, 소금을 섞어요.

2   볼B : 달걀, 올리고당, 우유를 섞어요.

3   볼A와 볼B를 섞어 날가루가 보이지 않을 때까지 거품기로 잘 섞어요.

4   약불로 달군 팬에 포도씨유를 살짝 두르고 키친타올로 닦아낸 뒤 반죽을 올리고 앞뒤로 노릇하게 구워요.

Cooking Tip   구멍이 전체적으로 생긴 뒤 구우면 늦답니다. 표면에 공기구멍이 몇 개 올라오면 뒤집어서 노릇하게 구워요.

감자수프
(3-4인분)

삶은 뒤 으깬 감자 500g, 채소 국물 400g(p.379 참조), 우유 200g, 소금 · 후춧가루 약간씩

1   감자와 채소 국물을 넣고 블렌더로 곱게 갈아요.

2   1을 냄비에 담고 중불로 끓여요.

3   끓으면 우유를 넣고 잘 저어가며 뭉근하게 끓이면서 소금 · 후춧가루로 간해요.

Cooking Tip 로즈마리 등 허브를 살짝 올리면 풍미가 좋아져요.

뱅쇼
(4잔 분량)

오렌지 800g, 베이킹소다 1T, 레드와인 1병(750ml), 시나몬스틱 4개 또는 시나몬가루 1t

×

오렌지를 껍질째 베이킹소다로 깨끗이 씻은 후 얇게 썰어요.
냄비에 오렌지, 와인, 시나몬스틱을 넣고 약불에서 10분 정도 끓여요.

Banana Pancakes
Mango Smoothie

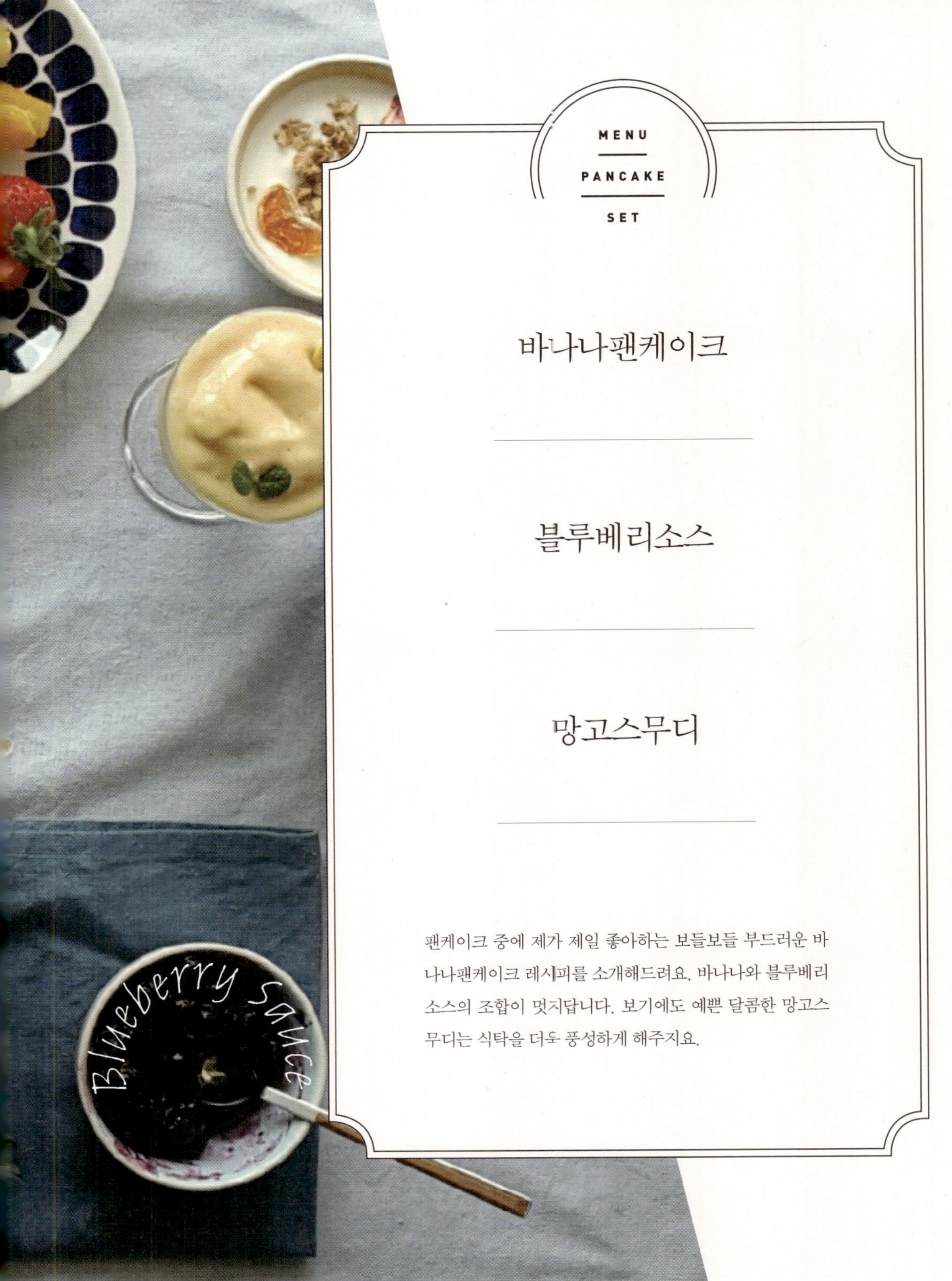

바나나팬케이크

블루베리소스

망고스무디

팬케이크 중에 제가 제일 좋아하는 보들보들 부드러운 바나나팬케이크 레시피를 소개해드려요. 바나나와 블루베리소스의 조합이 멋지답니다. 보기에도 예쁜 달콤한 망고스무디는 식탁을 더욱 풍성하게 해주지요.

바나나팬케이크
(10cm 12장, 1-2인분)

바나나 300g, 통밀가루(또는 중력분) 50g, 달걀 3개(실온), 포도씨유 적당량
*달걀은 실온에 꺼내두세요.

1 바나나, 통밀가루, 달걀을 거품기나 핸드믹서로 충분히 돌려 매끈한 반죽을 만들어요.

2 약불로 달군 팬에 포도씨유를 살짝 두르고 키친타올로 닦아낸 뒤 적당한 크기의 반죽을 올려 구워요.

3 표면에 공기구멍이 몇 개 올라오면 뒤집어서 노릇하게 구워요.

Cooking Tip 테플론 코팅을 한 프라이팬이라면 2번 과정에서 기름을 두른 후 닦아내지 않아도 됩니다.

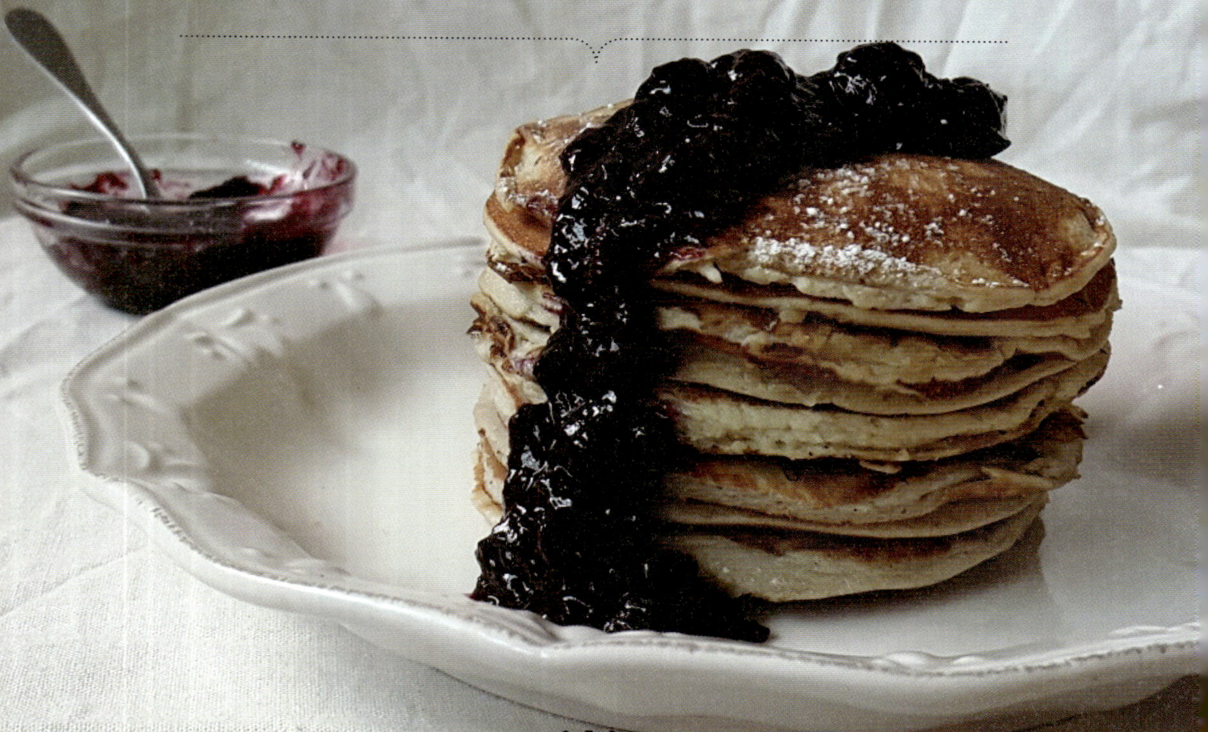

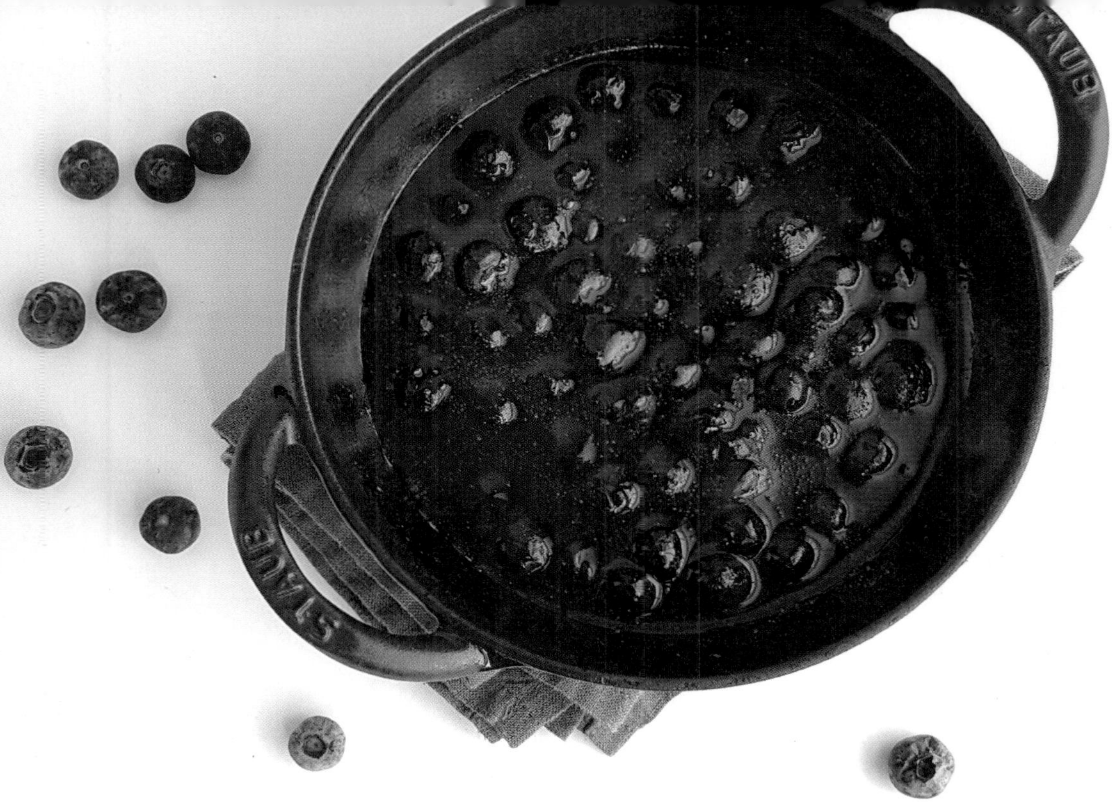

RECIPE

블루베리소스
(3-4인분)

블루베리 160g, 물 100g, 물녹말(물 1T : 전분 1T)

1 냄비에 블루베리와 물을 넣고 중불에서 5분 정도 끓인 뒤 불을 꺼요.

2 1에 전분과 물 섞은 물녹말을 넣어 잘 저어 식혀요.

Cooking Tip 밀폐 용기에 담아 1주일 정도 냉장 보관 가능해요. 팬케이크나 식빵 같은 식사류 빵과 잘 어울려요.

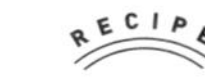

블루베리소스를
올린 크레이프

블루베리소스를 올린 프렌치토스트

망고스무디
(2인분)

×

우유 400g, 냉동망고 300g, 올리고당 약간

블렌더에 모두 넣고 갈아요.

Cooking Tip 망고는 다른 열대 과일과도 잘 어울리므로 300g 분량 내에서
딸기, 바나나, 파인애플, 블루베리 등과 함께 넣어도 좋아요.

Grapefruit Jelly
Banana Smoothie
Dutch Pancakes
(Jam and Assorted Fruits)
Sweet Pumpkin Salad
Chr

더치팬케이크(생과일)

단호박샐러드

치즈쿠키

자몽젤리

바나나스무디

무쇠팬은 접시처럼 예뻐서 바로 식탁에 올려 먹으면 비주얼도 좋을뿐더러 열전도율도 좋아 따스함도 오래가요. 일반 팬케이크는 팬에 반죽을 부어 익히지만 더치팬케이크는 팬째 오븐에서 구워 바로 식탁에 올리기에 편하답니다. 예쁜 노란색의 단호박샐러드는 그동안 즐기셨던 맛과 다른 특별한 맛이지요 달콤쌉싸래한 자몽젤리도 곁들여 즐거운 식탁을 꾸며보세요.

더치팬케이크
(1-2인분)

×

통밀가루(또는 중력분) 85g, 우유 120g, 달걀 2개, 올리고당 2T, 포도씨유 1T, 레몬즙 1t
* 우유와 달걀은 실온에 미리 꺼내두세요.

1 200℃로 예열한 오븐에 포도씨유를 골고루 바른 스킬렛을 넣어요.

2 볼에 통밀가루, 우유, 달걀, 레몬즙, 올리고당을 넣고 핸드믹서(또는 거품기)로 잘 섞어요.

3 1에서 예열한 스킬렛을 꺼내 2의 반죽을 붓고 20분 정도 구워요.

4 오븐에서 바로 꺼내서 뜨거울 때 과일잼, 생과일 또는 콤포트와 슈가파우더 등을 올려요.

단호박샐러드
(1-2인분)

삶은 단호박 200g, 리코타치즈(p.129 참조) 50g, 드레싱(올리브유 1T, 발사믹식초 1/2 T),

다진 파슬리 1T(건조 파슬리 1/2 T) 다진 견과 약간

1   삶은 단호박은 뜨거울 때 껍질을 제거하고 깍둑썰기하거나 뭉개주세요.

2   단호박, 견과, 파슬리를 버무려요.

3   치즈를 흩뿌리고 드레싱을 곁들여 먹어요.

Cooking Tip   리코타치즈는 모차렐라치즈 또는 크림치즈로 대체 가능해요.

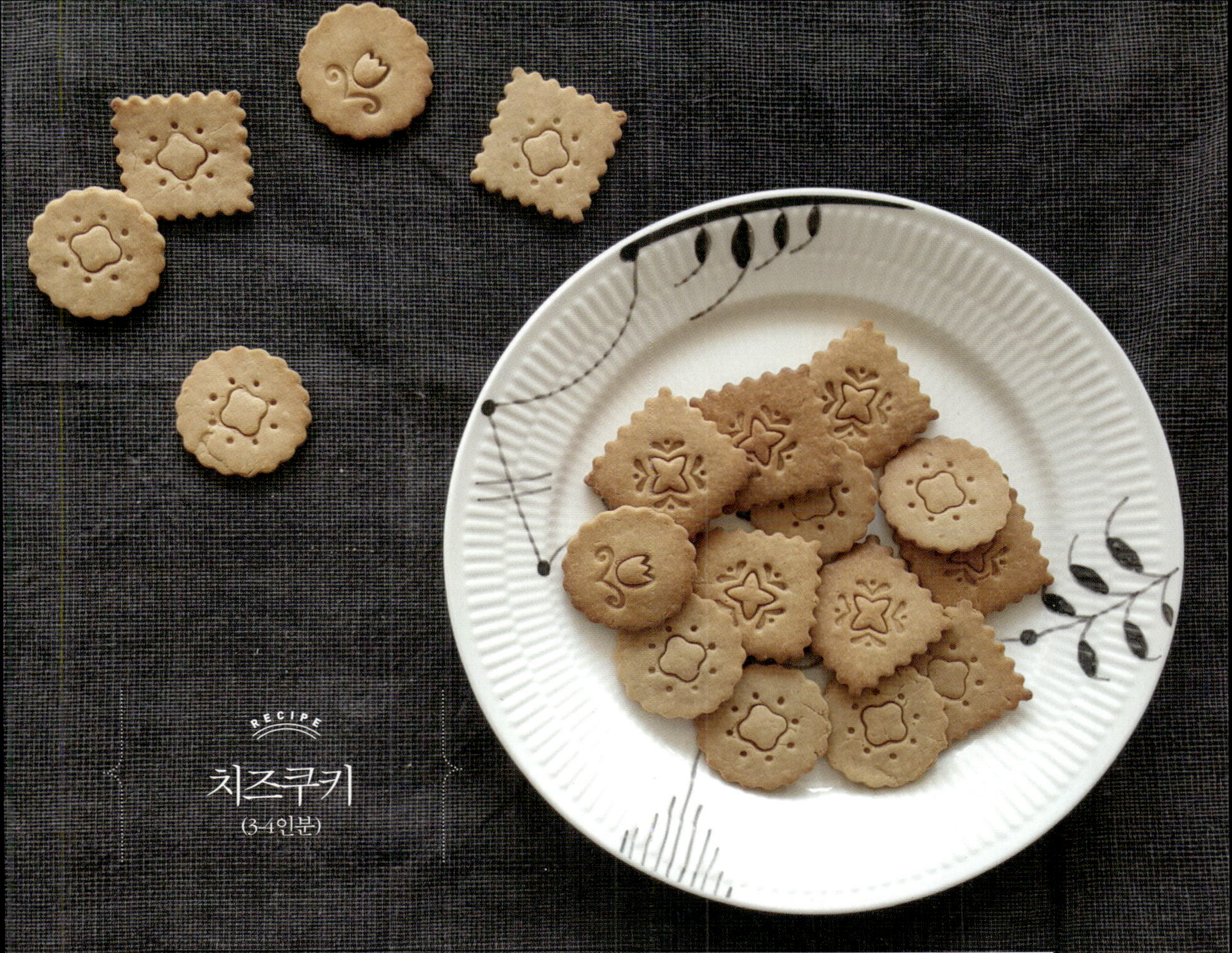

치즈쿠키
(3-4인분)

통밀가루(또는 박력분) 220g, 크림치즈 90g(실온), 올리고당 70g, 포도씨유 4T, 소금1t

1 볼A : 통밀가루와 소금을 거품기로 잘 섞어두어요.

2 볼B : 크림치즈, 올리고당, 포도씨유를 거품기로 잘 섞은 다음 한 덩어리로 반죽해요.

3 반죽을 밀대로 0.5cm 정도 두께로 밀어 쿠키 틀로 찍거나 먹기 좋게 잘라 팬에 올려요.

4 180℃로 예열한 오븐에서 20~25분 정도 구워요.

Cooking Tip 반죽을 밀 때 비닐 팩에 넣거나 종이 포일 사이에 넣어 밀면 반죽이 묻지 않아 편해요.
가루를 섞을 때 건조 허브 1t를 추가하면 허브 향이 솔솔 나는 치즈쿠키 맛이 난답니다.

자몽젤리
(1-2인분)

자몽 1개, 젤라틴 9g, 올리고당 2T, 생수 또는 오렌지주스 약간

1   자몽을 반으로 잘라 과육을 깨끗이 파낸 뒤 껍질은 보관하고 과육은 즙을 내요.

2   즙이 300ml(1컵 반)가 안 될 경우 생수나 오렌지주스를 더해 양을 맞춰주세요.

3   **2**에 올리고당과 젤라틴을 넣고 중탕으로 잘 녹여요.

4   적당한 크기의 컵이나 그릇에 자몽 껍질을 움직이지 않게 고정한 뒤 **3**을 부어요.

5   2시간 이상 냉장고에서 보관하여 굳힌 다음 칼로 먹기 좋게 잘라 내요.

Cooking Tip   자를 때 뜨거운 물을 적신 행주를 옆에 두고, 칼을 닦아가며 재빨리 자르면 깨끗하게 잘려요.

RECIPE

바나나스무디

×

바나나 200g, 플레인요거트 180g, 땅콩버터 1~2T, 시나몬가루 약간(선택)

바나나, 플레인요거트, 땅콩버터를 믹서에 간 뒤 취향에 따라 시나몬가루를 뿌려요.

Cooking Tip 땅콩버터 대신 올리고당으로 대체해도 좋아요.

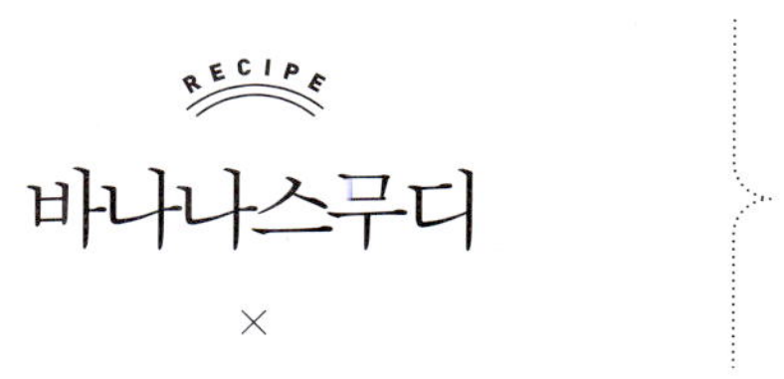

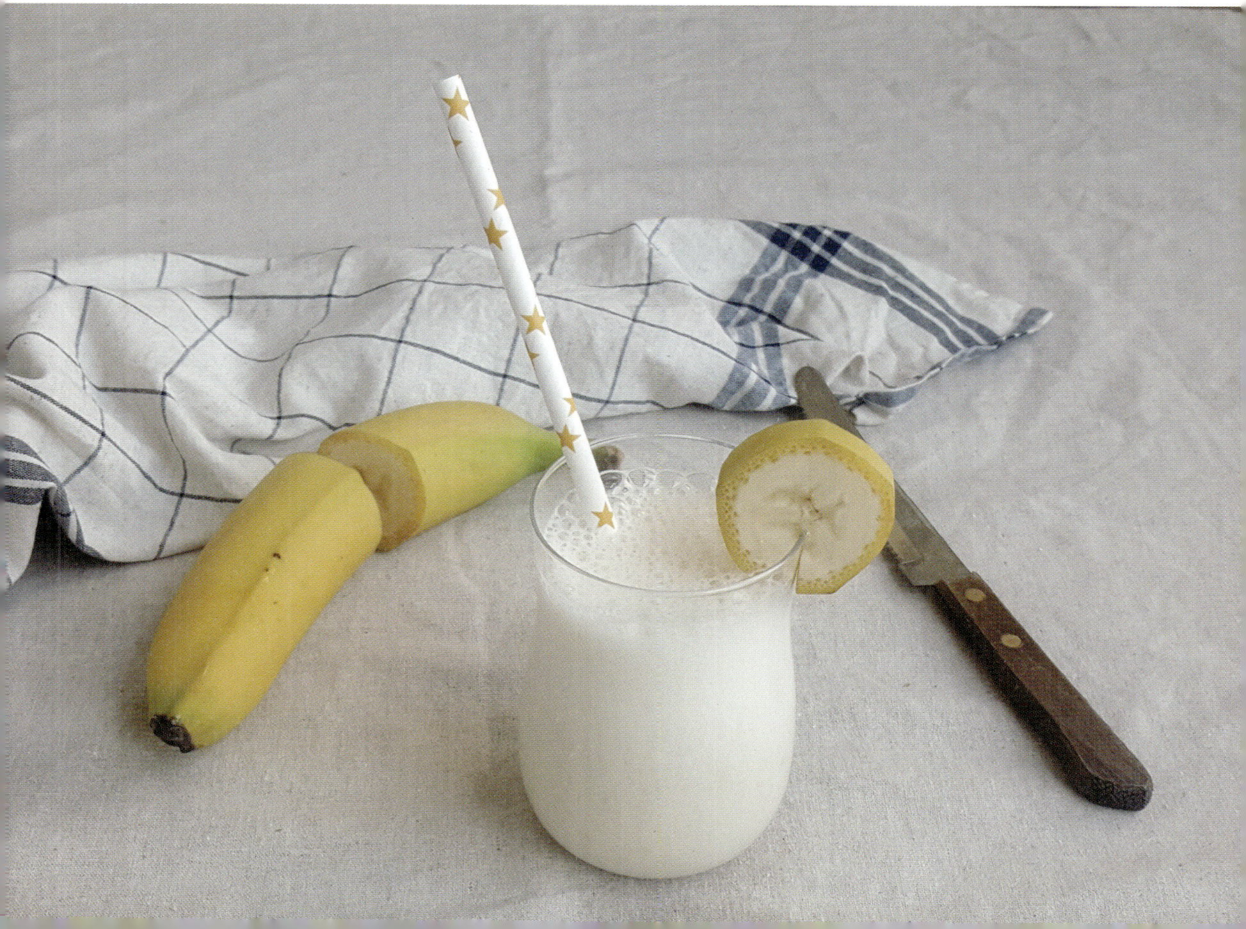

Blueberry tea
Chocolate C
Cinnamon Pancake Roll
Boiled Swe
with Mandarin Juice
Yogurt(&Granola, Dried Fruits

시나몬팬케이크롤

초코쿠키

건과일그래놀라요거트
(건과일 만들기)

고구마귤조림

블루베리차

팬케이크는 동그랗게 구운 모습이지만, 만들기 쉽고 납작한 모양 덕분에 변형이 자유롭지요. 팬케이크를 돌돌 말아 롤로 즐겨보세요. 뜻밖의 맛있는 케이크가 만들어진답니다. 아이가 있으시면 팬케이크를 여러 장 만들어 다양한 모양의 쿠키 커터로 찍어도 재미있어요.

시나몬 팬케이크 롤
(1-2인분)

구운 팬케이크 2장(p.047참조), 필링(꿀 100g, 호두, 아몬드 등 다진 견과류 100g, 시나몬가루 2t, 레몬즙 2t)

×

1   일반 팬케이크 반죽을 준비하고, 구울 때 롤로 만들 것을 생각해서 팬에 반죽을 올려 네모 모양으로 잡아주면 좋아요. 잘 안되면 나중에 칼로 살짝 잘라서 네모 모양으로 해도 됩니다.

2   종이 포일 위에 갓 구운 팬케이크를 놓고 윗면에 필링을 올리고 재빨리 롤로 말아 종이 포일로 싸고 다시 알루미늄 포일로 단단히 싸요. 이때 포일을 너무 누르면 팬케이크 모양이 일그러지니 롤 모양을 잡는 선에서만 눌러주세요.

3   **2**가 실온 정도로 식으면 포일을 풀어 먹기 좋게 잘라요.

4   취향에 따라 아이싱 재료를 섞어 위에 뿌려요.

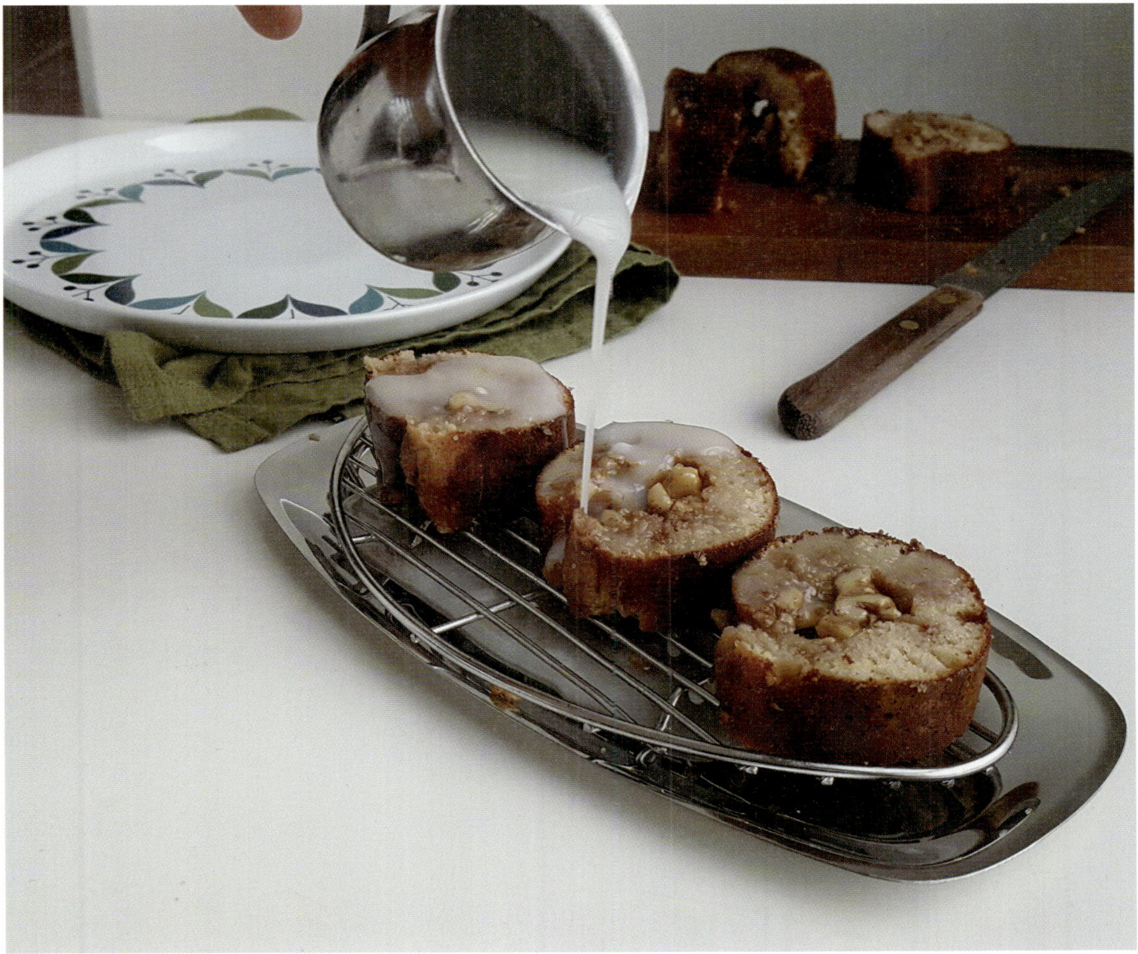

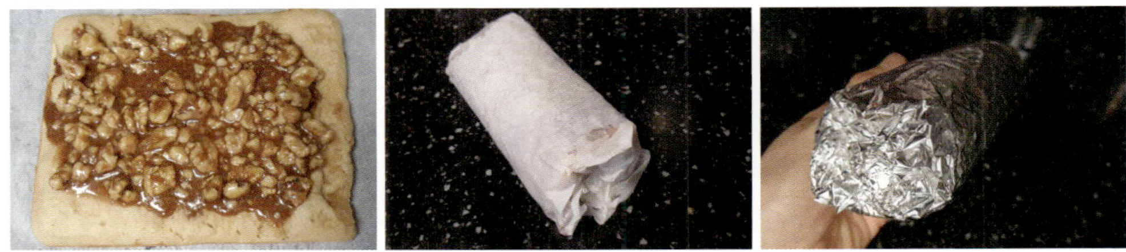

Cooking Tip 견과를 완성한 롤팬케이크 위에 뿌려도 좋아요.
아이싱은 슈거파우더 100g에 우유 1~2T를 섞은 다음 팬케이크 위에 뿌리면 좀 더 먹음직스러워요.

초코쿠키
(3-4인분)

×

통밀가루(또는 박력분) 200g, 코코아가루 15g(2T), 베이킹파우더 1t, 올리고당 100g, 포도씨유 60g,

우유 40g, 토핑 약간(선택)

1 볼A : 통밀가루, 코코아가루, 베이킹파우더를 거품기로 고루 섞어요.

2 볼B : 우유, 포도씨유, 올리고당을 거품기로 섞은 다음 볼A와 합하여 반죽을 만들어요.

3 전용 용기에 2의 반죽을 붓고 고무주걱으로 평평하게 한 다음 포크로 구멍을 내주고 180℃로 예열한 오븐에서 20분 정도 구워요.

4 한 김 식힌 후 적당한 크기로 잘라 내요.

Cooking Tip

토핑은 다진 초코칩이나 견과류가 좋아요. 화이트초콜릿이나 알록달록한 스프링클을 얹어도 예뻐요.

쿠기 모양을 내고 싶다면 반죽을 0.5cm로 밀어 모양틀로 찍은 다음 30분 정도 냉장 보관했다가 구워도 좋아요.

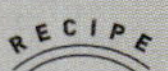

건과일그래놀라요거트
(500g)

오트밀 150g, 올리고당 120g,

부재료 : 코코넛 또는 견과 80g, 물 70g, 달달한 건과일 적당량, 바닐라에센스 · 소금 약간씩

1 볼에 올리고당, 물, 바닐라에센스와 소금을 넣고 섞어요.

2 1에 오트밀과 준비한 코코넛, 호두, 아몬드 등의
   다진 견과를 고르게 버무려요.

3 오븐 팬에 종이 포일을 깔고 2를 고루 펴서 올려요.

4 140℃로 예열한 오븐에 1~1시간 30분 정도 구우며
   중간에 두어 번 정도 뒤적이며 섞어주세요.

5 완전히 식힌 뒤 밀봉해서 보관해요
   (식힌 뒤 건과일을 섞으면 맛도 좋고
   색감이 살아나 예뻐요).

6 플레인요거트에 적당량 올려 내요.

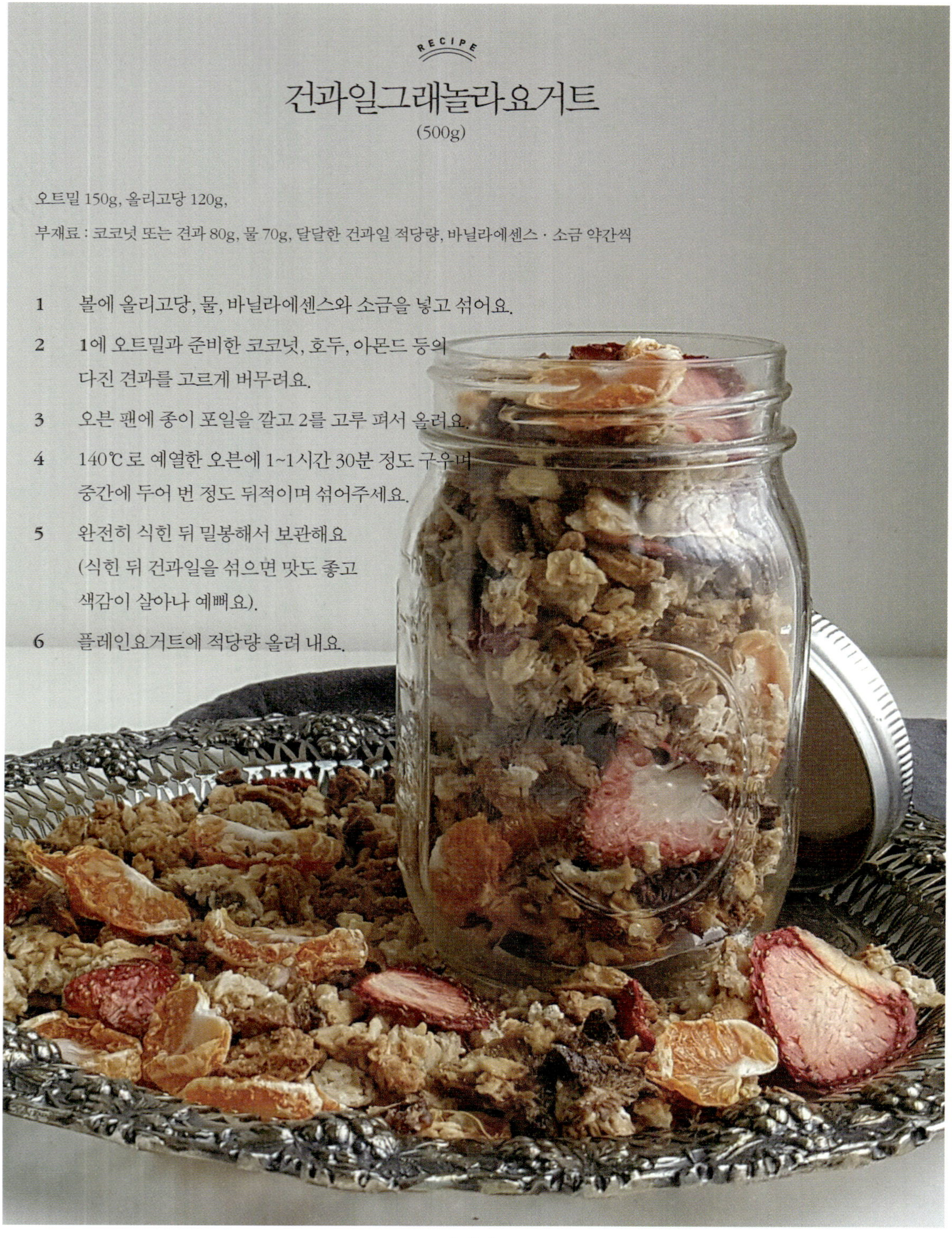

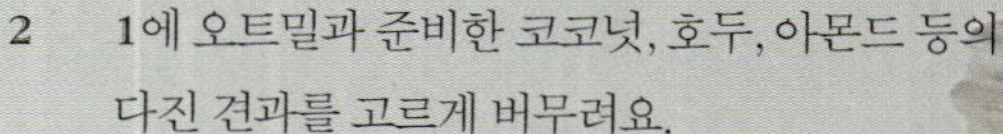
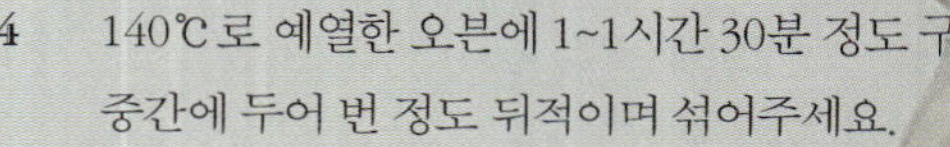

건과일 만들기

과일은 그냥 먹어도 맛있지만 건조해서 먹으면 단맛이 더욱 비가되기도 하고 보존력도 좋아져

샐러드나 간식 등으로 다양하게 응용할 수 있어서 저는 자주 과일을 말린답니다. 보통은 식품 건조기를

이용하는데요, 권장 방법대로 해보았지만 잘 안되어 여러 차리 시행착오 끝에 저만의 방법을 찾았어요!

딸기, 키위, 포도 등은 얇게 자른(4등분 정도) 다음 식품 건조기 70℃에서 7시간 정도 말린 후 자연 건조,

즉 전원을 끄고 그대로 뚜껑을 열고 주방에 널어두어 6시간 정도 더 말립니다.

이후 다시 70℃에서 2시간 반 정도 말리면 자연스럽게 건조 과일이 됩니다. 약 10시간 정도 걸리는 듯합니다.

원하시는 식감에 따라서 조절하면서 말려보세요. 오븐에서 말릴 때는 180℃에서 30분 정도 구운 다음

다시 150℃에서 30분 정도 구워요. 사용하는 제품이나 환경어 따라서 조금씩 다른 것 같습니다.

몇 차례 하시다 보면 자신의 환경에 맞는 방법을 찾으시게 될 거예요.

고구마귤조림 (4인분)

×

고구마 600g, 껍질 깐 귤 200g, 물 80g, 올리고당 4T

1 고구마를 0.5mm로 썰어 냄비에 넣고 귤은 즙을 내서 고구마에 뿌려요.

2 물과 올리고당을 섞어 1에 넣어 고루 버무려요.

3 중불에서 10분 정도 타지 않도록 뒤적이며 말랑해질 정도로 익혀요.

블루베리차
(3-4인분)

×

생블루베리 또는 냉동 블루베리 160g, 올리고당 280g, 레몬즙 3T, 레몬 슬라이스 약간(장식용)

냄비에 블루베리와 올리고당을 넣고 약불로 10분 정도 끓이다 레몬즙을 넣고 불을 꺼요.
식으면 깨끗이 소독한 병에 담았다가 차갑거나 따뜻한 물에 타서 내요.

Chocolate Pancake
Yogurt(&Mandarin Compote)

초코팬케이크

초코팬케이크바나나롤

딸기·귤 콤포트요거트

갓 구운 팬케이크에 바나나를 올려 돌돌 말아 김밥처럼 잘라 먹는 레시피입니다. 아무래도 사각 팬에 구워야 말기 좋답니다. 평범한 것도 돌돌 말면 더 맛있어 보이지요. 포일로 단단히 말아서, 잘랐을 때 케이크가 최대한 풀어지게 않도록 하는 게 포인트예요. 일반 팬케이크도 함께 구워 안에 바나나를 넣고 잘라 같이 곁들이면 초콜릿색과 베이지색이 대비되어 보기에도 좋지요. 쏙쏙 먹기 좋고 동글한 모양도 예쁜 초코팬케이크바나나롤이 즐거움을 더해줄 것입니다.

초코팬케이크
(1-2인분)

×

통밀가루(또는 중력분) 110g, 코코아가루 2T, 베이킹파우더 2t, 우유 200g, 포도씨유 2T, 꿀 2T, 소금 · 바닐라에센스 약간씩

1   볼A : 통밀가루, 코코아가루, 베이킹파우더, 소금을 거품기로 섞어요.

2   볼B : 우유, 포도씨유, 꿀, 바닐라에센스를 섞어요.

3   **1**과 **2**를 섞어 약불로 달군 팬에 포도씨유를 약간 두르고 키친타올로 살짝 닦고 구워요.
공기구멍이 몇 개 올라오면 뒤집어 구워요.

Cooking Tip   우유는 두유로 써도 됩니다. 남은 초코팬케이크는 각각 싸서 밀봉해두면 냉장실에서 2일, 냉동실에서 2주까지 보관 가능합니다.

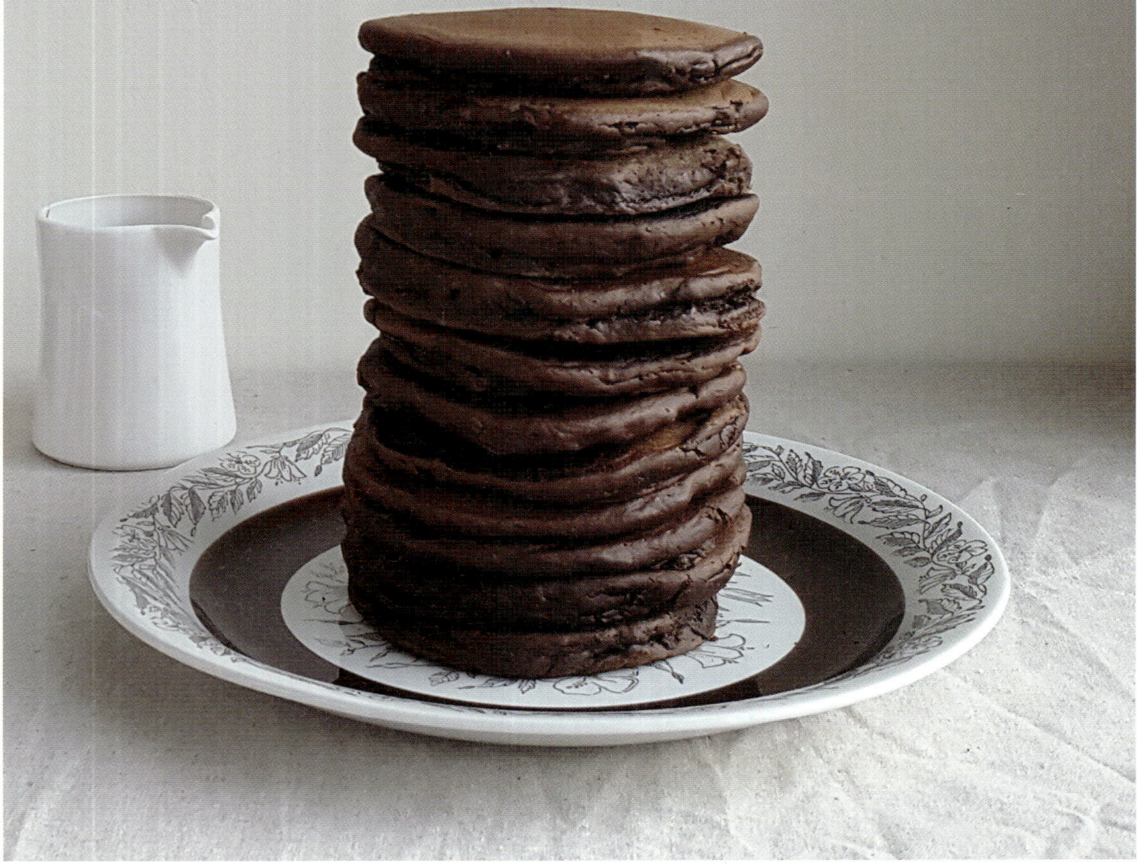

코코아가루만 들어갔기에 크게 달지 않아요.
초코시럽을 뿌리면 모양도 맛도 한층 좋아지지요.
고소한 맛의 피스타치오를 뿌리면
색감에 더욱 끌린답니다.

초코팬케이크바나나롤 (4인분)

잣 구운 초콜릿팬케이크, 바나나 500g(4개 정도)

팬케이크를 사각 팬에 구워 바로 바나나를 올려 김밥을 싸듯
말아 포일로 꽁꽁 싸서 30분 정도 냉장 보관한 뒤, 끝이 안 풀
리게 조심해서 썰어요. 사각 팬이 없으면 일반 원형으로 구운
후 사각으로 잘라주세요.

Cooking Tip
바로 먹지 않는다면 바나나색이 변하지 않도록 레몬즙을 발라요.
바나나 대신 땅콩버터나 누텔라를 바르고 똑같이 말아도 좋아요.

딸기 400g, 올리고당 120g

냄비에 딸기와 올리고당을 넣고 중불에서 모양이 뭉개지지 않고
말랑말랑해질 때까지 5~10분쯤 저으며 끓여요. 소독한 깨끗한
병에 담아 뚜껑을 닫고 1시간 정도 엎어두었다가 냉장 보관해요.
엎어두는 이유는 보관을 위해서 밀봉을 확실히 하기 위해서랍니다.

껍질 깐 귤 400g, 올리고당 100g

딸기콤포트와 같은 방법으로 만들어요.
플레인요거트 위에 올려 내요.

OreoPancake
Pancake
Dorayaki
Pancake Stacked Cake
(&Cream Cheese Frosting)

오레오팬케이크
(크림치즈, 초코바나나크림)

팬케이크응용케이크
(크림치즈프로스팅)

팬케이크도라야끼
(수제팥앙금)

팬케이크 반죽으로 만든 디저트 3종 세트랍니다. 같은 반죽으로 서로 다른 느낌의 풍미를 즐겨보세요.

오레오팬케이크
(1-2인분)

×

초코팬케이크 반죽(p.082 참조), 크림(크림치즈 180g, 슈거파우더 100g)

1   초코팬케이크 반죽을 숟가락으로 떠서 작은 크기로 구워요.

2   구운 초코팬케이크 사이에 크림과 초코바나나크림을 고루 발라요.

Cooking Tip 딸기맛 크림치즈를 바른 뒤 팬케이크 위에 생크림이나 딸기로 장식해도 예뻐요. 초코코바나나크림을 발라도 잘 어울리고 아이들이 무척 좋아해요.

초코
바나나크림
(1-2인분)

바나나 200g, 코코아가루 2T, 땅콩버터 1T(선택)

바나나, 코코아가루, 땅콩버터를 넣고 블렌더로 갈아요.

Cooking Tip 땅콩버터나 아몬드파우더를 넣으면 더 고소해요. 냉동 바나나를 쓸 때는 한 입 크기로 썰어 믹서를 돌리면 잘 갈려요.

팬케이크응용케이크

(4인분)

×

구워 식힌 팬케이크 3강(p.047, 팬케이크 레시피는 17cm 크기 4장임), 각종 과일 (블루베리, 바나나, 딸기, 키위 등) 500g, 크림치즈프로스팅 300g(p.093 참조)

구운 팬케이크 사이에 크림치즈프로스팅을 펴 바른 뒤 준비한 과일을 얹고 그 위에 다시 팬케이크를 올려 같은 방법으로 3단까지 만들어요. 1시간 정도 냉장 보관한 뒤 예쁘게 잘라요.

Cooking Tip 구운 팬케이크를 식히면서 크림치즈프로스팅을 만들어요. 그동안 팬케이크를 유산지나 비닐로 덮어 뻣뻣해지는 걸 막아주세요. 식는 동안 자체 열로 더 익으므로 너무 바싹 굽지 말고 살짝 촉촉하게 구워주세요. 크림치즈프로스팅을 만들기 번거로울 때는 생크림 200g, 사탕수수당 20g을 거품기나 핸드믹서로 휘핑해서 사용해도 좋아요.

크림치즈프로스팅

(3-4인분)

크림치즈 200g, 플레인요거트 100g, 올리고당 70g, 바닐라에센스 1t
* 크림치즈와 요거트는 실온에 미리 꺼내두세요.

모든 재료를 멍울이 없도록 잘 섞고 밀폐용기에 담아 냉장 보관해요.
처음엔 묽은 느낌이지만 냉장 보관하면 좀 더 굳어요.

Cooking Tip 넉넉히 만들어 식빵에 발라 먹거나 채소를 찍어 먹어도 좋아요.
당근케이크(p.156 참조) 위에도 발라주면 더 맛있지요.

팬케이크도라야끼

팬케이크 사이에 팥앙금을 넣어 도라야끼처럼 즐겨도 색다르고 맛있답니다. 원래 팬케이크는 구운 직후 먹어야 제일 맛있지만, 사이에 끼운 팥앙금 덕분에 내부가 촉촉하게 유지되어 몇 시간 후라도 맛나게 먹을 수 있습니다. 단, 당일 이후로는 밀봉해서 냉장 보관한 뒤 자연 해동하면 좋아요.

기호에 맞는 크기로 팬케이크를 만들어서 팥앙금을 넣은 다음 2개를 겹칩니다. 취향에 따라 팬케이크를 한 입 크기로 만들어 팥앙금 한 스푼을 넣고 겹쳐도 돼요. 또한 팬케이크를 15cm 이상으로 크게 만든 뒤 중간에 팥앙금을 넣고 피자 모양으로 잘라서 먹으면 색다르답니다.

수제팥앙금
(3-4인분)

×

하룻밤 물에 불린 팥 400g, 올리고당 300g, 물 1L, 소금 1/2t

1 팥이 잠길 정도로 물을 붓고 중불에서 10분 정도 끓여요.

2 물을 따라 버리고 한 번 더 팥이 잠길 정도의 물과 소금을 넣고 중불에서 1시간 정도 끓여요(물기가 자작하게 남아 있어야 좋아요. 물기가 없으면 중간에 물 1~2컵을 추가해주세요).

3 2에 올리고당을 넣고 저으며 졸이되 식으면 더 굳어지므로 너무 바싹 졸지 않도록 유의하면서 질척한 정도로 하세요.

두 번째,
식빵이 있는 식탁
(토스트&샌드위치)

제가 오래전 일본어를 처음 배웠을 때 가장 놀랐던 점은 한국과 일본의 빵 이름이 너무나 닮아 있다는 거였
어요. 빵을 좋아하던 저는 도쿄에서 지냈던 시절, 이름난 빵집을 이곳저곳 자주 찾곤 했는데 그곳에서도 식
빵食パン(쇼크빵,) 크로켓コロッケ(고롯케,) 롤케이크(로-루케-키)로 부른다는 사실은 저를 깜짝 놀라게 했
답니다. 한편으로는 한국의 제과 문화가 정말 일본의 영향을 많이 받았다는 것을 느끼기도 했어요. 식빵이라
는 재미난 어원은 1800년대 중반 일본에서 식사(食事)라는 한자어에 빵(pain)을 붙여 식빵이라는 신조어를
만들었고, 그게 차차 한국에 유입된 거라고 해요. 빵이 주식인 미국에서는 sandwich bread, 프랑스에서는
pain de mie라 부르지요. 일반적인 식빵 레시피는 1차 발효, 중간 발효, 2차 발효 등 총 3번의 발효를 거치
지만 저는 최대한 간단하고 쉽게 만드는 저만의 비법이 있답니다. 그 비법은 물과 이스트를 섞을 때 밀가루
의 1/3을 같이 섞어 2차 발효가 필요 없도록 과정을 줄여 쉽고 빨리 만들 수 있어요.

Bread
(Toast &
Sandwich)
2

우유식빵
(3-4인분, 20×9×8cm 크기)

강력분 300g, 인스턴트드라이이스트 5g, 소금 6g, 올리고당 15g,

체온 정도로 데운 우유 215g, 포도씨유 9g

×

1 볼에 강력분을 넣고 손가락으로 구멍 3개를 파서 각각 이스트, 소금, 올리고당이 서로 닿지 않게 넣어요.

2 1에 우유를 넣고 반죽하여 한 덩어리가 되도록 손으로 잘 뭉쳐요. 어느 정도 뭉쳐지면 포도씨유를 넣고, 반죽에 끈기가 생기고 표면이 매끄러워질 때까지 약 20분 정도 치대거나 핸드믹서로 반죽해서 동글려요.

3 깊은 그릇에 반죽을 넣고 뚜껑을 닫은 뒤 40분 정도 1차 발효해요.

4 시간이 지나면 처음 반죽의 2배 정도로 부풀어 올라 있어요. 손가락으로 반죽의 가운데를 찔렀을 때 다시 올라오지 않으면 발효가 된 거랍니다.

5 반죽을 2등분한 뒤 각각 손으로 가볍게 눌러가며 공기를 뺀 뒤 비닐로 덮고 20분 정도 중간 발효해요.

6 등분한 각 반죽을 동글리며 공기를 빼고 둥글게 말아 서로 떨어지지 않게 꼬집듯 붙인 다음 식빵 틀에 반죽을 넣어요.

7 반죽이 마르지 않도록 밀폐된 공간(뚜껑이 있는 깊은 냄비나 전자레인지)에 넣고 50분 정도 2차 발효해요.

8 180℃로 예열한 오븐에서 35분 정도 구워요. 구운 빵은 틀에서 바로 꺼내어 식힘망에 올려 식혀요.

식빵을 이용하여 오픈토스트, 샌드위치 등으로
비주얼도 좋고 맛도 좋은 식탁을 차려보세요.
오픈토스트는 식빵 한쪽 면에 재료를 얹는 것으로,
눈으로 보기에는 먹음직스럽고 예쁘지만 먹기엔 조금
불편할 수 있어요. 그렇기에 가급적 흘러내리지 않고
먹기 편한 재료를 얹는 것을 추천합니다. 샌드위치 역시
속에 넣는 재료에 따라 무한 변형 가능한 좋은 음식이지요.

통밀식빵
(3-4인분)

×

통밀가루(또는 강력분) 410g, 체온 정도의 따뜻한 물 270g, 올리고당 57g, 포도씨유 37g,

소금 7g, 드라이이스트 5g

1   볼에 물, 이스트, 통밀가루의 1/3 분량을 넣어 거품기로 고루 섞은 뒤, 이스트의 반응으로 인해 거품이 일어날 때까지 15분 정도 두세요.

2   1에 포도씨유, 올리고당, 소금, 남은 통밀가루 순으로 넣고 거품기나 핸드믹서를 이용해서 반죽이 한데 뭉쳐지도록 반죽해요. 처음에는 반죽이 질퍽거리며 손에 묻지만 점차적으로 표면이 매끈해질 때까지 20분 정도 반죽해요.

3   반죽을 2덩이로 나누어 공 모양으로 둥글고 납작하게 모양을 잡은 다음 준비한 식빵 틀에 담아요.

4   깊은 그릇에 3의 식빵 틀을 넣고 반죽에 닿지 않게 유의하며 뚜껑을 닫고 25℃ 정도의 실내에서 1시간 정도 발효해요. 부피가 2배 정도로 부풀면 된 거랍니다. 실내 온도가 낮다면 반죽이 2배의 부피가 될 때까지 좀 더 기다려주세요.

5   180℃로 예열한 오븐에서 30분 정도 구워요. 굽는 동안 윗부분의 색이 너무 진하다 싶으면 유산지를 덮고 구우면 되요. 구워진 빵은 틀에서 바로 빼내 식힘 망에 올려 식혀요. 식힌 빵은 먹기 좋은 크기로 잘라서 사용하면 됩니다.

Pickled Celery
Corn Soup
Cheese Fre
Salmon Salad
Broccoli&Chicken Breast stir

치즈프렌치토스트

브로콜리닭가슴살볶음

참치샐러드

옥수수수프

셀러리피클

프렌치토스트(French toast)는 프랑스어로 pain perdu(영어로 직역하면 lost bread)라고 해요. 오래되어 맛이 떨어진 빵 정도라고 할까요. 하지만 찬밥이 근사한 볶음밥으로 탄생하는 것처럼, 시간이 지나 맛이 없어진 빵을 얼마나 맛있게 먹을 수 있는지 깜짝 놀라실 거예요. 파르메산치즈가루를 사용하면 계란물에 훌훌 섞기 좋아서 편하죠. 고소하고 뭉근하게 끓인 옥수수수프도 부드러운 음식이 필요할 때 잘 어울린답니다. 든든함을 더해 줄 참치샐러드와 특유의 향이 좋은 상큼한 셀러리피클로 따뜻한 식탁을 준비해보세요.

치즈프렌치토스트

(1-2인분)

×

식빵 2장, 우유 100g, 달걀 2개, 파르메산치즈가루 2T, 오일 · 소금 · 후춧가루 약간씩

1 볼에 달걀, 우유, 치즈, 소금, 후춧가루를 잘 섞은 다음 식빵을 넣어 20분 정도 담가둬요.

2 팬에 오일을 두르고 식빵을 올려 약불에서 한 면씩 노릇하게 구워요.

브로콜리닭가슴살볶음

(1-2인분)

×

닭가슴살 300g, 데친 뒤 찬물에 헹군 브로콜리 200g, 삶은 감자 100g, 굴소스 3T, 올리브유 1T, 다진 마늘 1t

1   닭가슴살, 브로콜리, 삶은 감자는 한 입 크기로 잘라요.

2   팬에 올리브유를 두르고 다진 마늘을 넣고 향이 날 때까지 볶아요.

3   **2**에 닭가슴살을 넣어 볶다가 어느 정도 익으면 감자를 넣고 볶아요.

4   **3**에 브로콜리를 넣고 굴소스를 섞고 재료가 고루 섞이며 국물이 거의 없어질 때까지 볶아요.

참치샐러드 (1-2인분)

기름을 뺀 참치 200g, 다진 양파 100g, 샐러드채소(어린잎 등) 50g, 마요네즈 2T, 소금 · 후춧가루 약간씩

샐러드채소는 깨끗이 씻어 물기를 빼고 볼에 참치, 양파, 마요네즈, 소금 · 후춧가루를 넣고 잘 섞어요. 접시에 샐러드채소를 담고 참치샐러드를 가운데 부분에 올려요.

Cooking Tip 삶은 감자나 달걀을 곁들여도 잘 어울려요. 남은 참치샐러드는 샌드위치 속으로 사용하면 맛있어요. 양파의 매운맛은 찬물로 헹구면 빠지니 취향껏 준비하세요.

RECIPE

옥수수수프

(3-4인분)

×

옥수수알 285g, 채소 국물 285g(p.379 참조), 우유 150g, 소금 약간, 바질 또는 장식용 푸른 채소 약간(선택)

1 장식으로 쓸 옥수수알 약간만 남겨두고 나머지 옥수수와 채소 국물을 블렌더로 매끈하게 갈아요.

2 소금을 넣고 중불에 5분 정도 저으며 끓인 뒤 우유를 넣고 저으면서 5분 정도 졸여요.

Cooking Tip 장식으로 옥수수알을 올리고 바질과 같은 초록 잎으로 장식하면 더 먹음직스러워요.

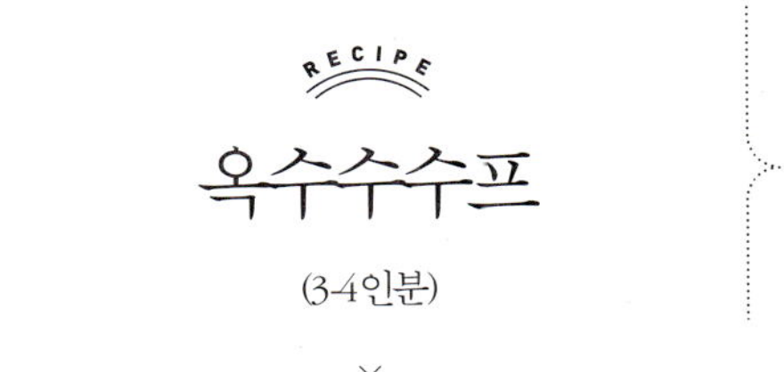

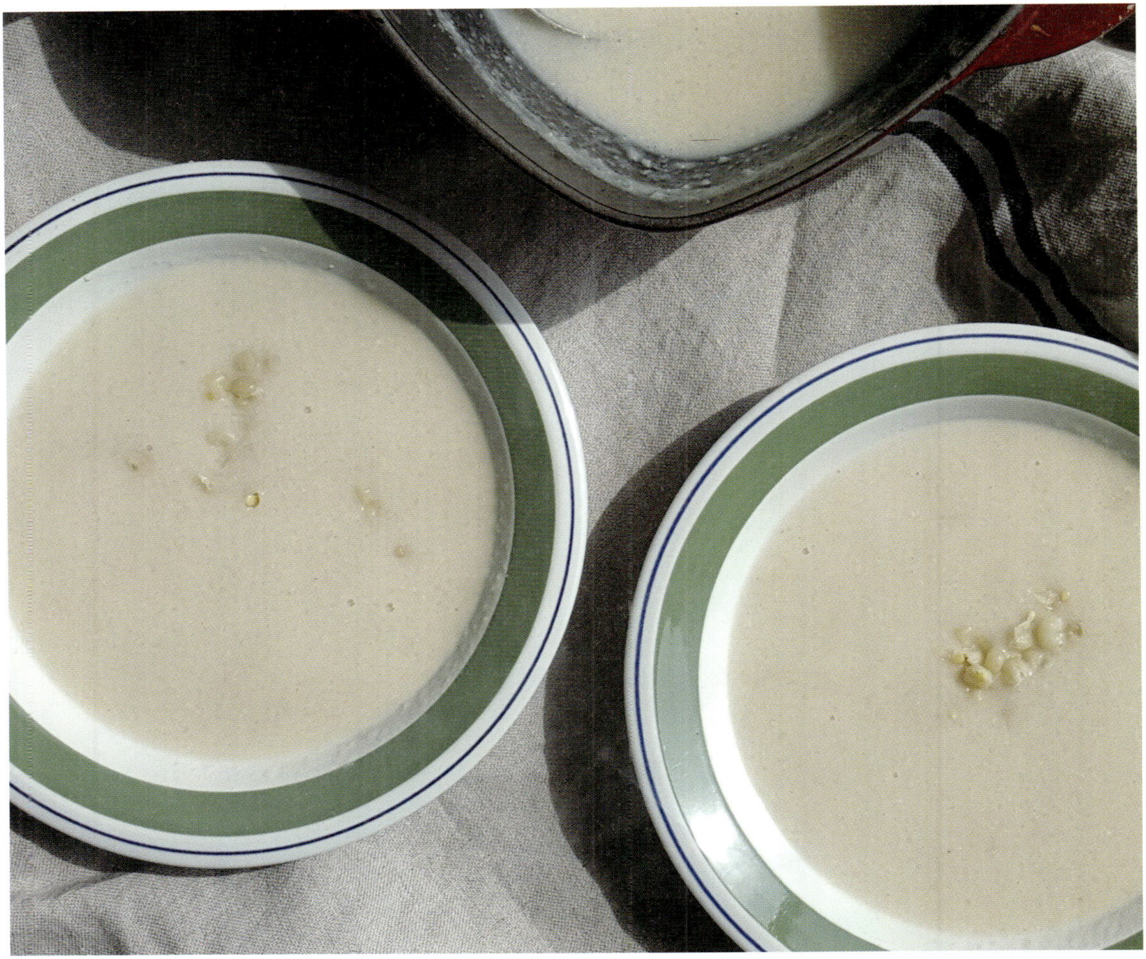

셀러리피클
(500ml 병 1개 분량)

먹기 좋게 자른 셀러리 250g, 먹기 좋게 자른 방울토마토 100g, 올리고당·물·식초 100g씩

깨끗이 소독한 병에 자른 셀러리와 방울토마토를 담고 냄비에 올리고당, 물, 식초를 끓여 병에 붓고 밀봉해서 실온에 하루 정도 숙성 후 냉장 보관해요.

Cooking Tip 셀러리 줄기가 부담스러우신 분들은 셀러리를 자르기 전에 줄기를 칼로 다듬어요.

Chocolate French Toast
Fruit&Cheese Pie
Milk Jelly

초콜릿프렌치토스트

과일치즈파이

우유젤리

블루베리에이드
(블루베리청)

빵 속 깊이 스며든 초콜릿의 풍미가 좋은 토스트입니다. 저희 아이들이 제일 좋아하지요. 적은 양의 초콜릿으로 이런 풍미를 느낄 수 있다는 게 놀라울 정도예요. 프렌치토스트에 일반 초코 시럽을 뿌려 먹는 것과는 확실히 풍미의 차이가 크니 꼭 한번 드셔보시길 권해요. 초콜릿의 진한 색 위에 생과일이나 생크림, 슈거파우더를 올리면 색깔 대비가 되어 더욱 맛있어 보이죠. 생과일에 우유를 넣어 만든 젤리는 새로운 맛의 기쁨을 준답니다.

초콜릿프렌치토스트

(1-2인분)

식빵 2장, 우유 200g, 초코칩 50g, 달걀 2개, 포도씨유 약간

1　냄비에 우유를 끓기 직전까지 데운 뒤 불을 끄고 초코칩을 넣고 저어서 잘 녹여요.

2　1에 달걀을 푼 뒤 식빵을 담구고 랩으로 씌워 30분 정도 두어요. 여름에는 냉장 보관하세요.

3　달군 팬에 포도씨유를 두른 뒤 식빵을 올려 한 면씩 구워요.

Cooking Tip 초콜릿은 색이 어두워서 바짝 익어도 표시가 안 나니 잘 지켜봐야 해요. 초콜릿은 카카오 함량이 높을수록 진하고 깊은 맛이 나요. 제과용으로 나온 코인 모양이 잘 녹고 사용하기 편해요.

과일치즈파이
(3-4인분)

×

크러스트: 통밀가루(또는 박력분) 136g, 베이킹파우더 2g, 포도씨유 40g, 올리고당 75g

필링 : 크림치즈 300g, 올리고당 60g 레몬즙 1.5T, 달걀 2개

장식용 과일(키위, 딸기 등) 적당량

1   볼에 통밀가루와 베이킹파우더를 넣고 거품기로 섞어요.

2   1에 포도씨유, 올리고당을 섞고 손으로 치대며 반죽이 한 덩어리가 될 때까지 뭉쳐요. 비닐 랩이나 위생 팩에 넣어 손바닥으로 눌러 납작하게 만든 다음 냉장고에 30분 정도 두어요.

3   필링을 만들기 위해 볼에 크림치즈, 올리고당, 레몬즙을 섞고 달걀을 넣어 고루 섞어둬요.

4   2의 반죽을 밀대로 0.3cm 정도 두께로 밀어 미리 준비한 틀에 맞추어 올리고 남은 부분은 가위나 칼로 오려내요.

5   반죽 바닥에 포크로 구멍을 내고 필링을 채운 뒤 위를 평평하게 만들고 팬에 올려 170℃로 예열한 오븐에 40분 정도 구워요.

6   오븐에서 꺼내 한 김 식으면 냉장 보관해서 굳힌 뒤 과일을 올려 장식해요.

우유젤리 (1-2인분)

우유 350g, 올리고당 30g, 한천 2g

1   모든 재료를 냄비에 넣고 약불에서 10분 정도 저으며 끓여요.

2   준비한 용기에 부어 한 김 식힌 다음 3시간 이상 냉장 보관하면 먹기 좋게 굳어요.

Cooking Tip   저는 젤리를 자주 만들다 보니 젤리 몰드가 있어요. 사진에서는 젤리 몰드에 넣어 만든 뒤 딸기잼으로 장식을 한 거랍니다.

블루베리에이드 (1-2인분)

×

탄산수 500g, 블루베리청 100g, 얼음 적당량

블루베리청을 컵에 담고 얼음과 탄산수를 넣어요..

Cooking Tip 블루베리청 만들기_ 블루베리청 (4인분) : 블루베리 160g, 올리고당 280g, 레몬즙 3T
냄비에 블루베리와 올리고당을 넣고 약불에 올려 끓으면 레몬즙을 넣고 잘 섞은 뒤 불을 꺼요.
한 김 식으면 소독한 깨끗한 병에 담았다가 차갑거나 따뜻한 물에 타서 먹어요.

Yogurt&Fruit Parfait
Mixed Grain Cake
Condensed Milk French Toast

연유프렌치토스트

선식케이크

땅콩버터쿠키

요거트과일파르페

프렌치토스트에 보통 설탕이나 생크림을 넣는데요, 좀 더 부드럽게 즐기고 싶을 때는 연유를 사용해보세요. 한결 부드러운 토스트 맛이 난답니다. 여름철 빙수를 만들고 남은 연유가 처지 곤란할 때 아주 좋은 레시피지요. 평범한 플레인요거트에 과일과 그래놀라를 올리면 특별한 파르페가 된답니다. 색감이 여쁜 과일 등을 곁들이면 브런치 음식에 알맞는 식탁이 될 거랍니다.

연유프렌치토스트
〈1-2인분〉

식빵 2장, 연유 100g, 우유 100g, 달걀 1개, 포도씨유 약간

넉넉한 볼에 연유, 우유, 달걀을 섞은 후 식빵을 넣고 30분 정도
담가두었다가 약불로 달군 팬에 포도씨유를 두르고
양면을 노릇하게 구워요.

선식케이크 (3-4인분, 지름16cm)

통밀가루(또는 박력분) 100g, 선식 20g, 베이킹파우더 1t, 우유 60g, 올리고당 50g, 포도씨유 40g, 달걀 1개

* 우유와 달걀은 실온에 미리 꺼내두세요.

1   볼A : 통밀가루, 선식, 베이킹파우더를 거품기로 잘 섞어요.

2   볼B : 포도씨유, 올리고당을 거품기로 섞은 다음 우유를 넣어 고루 섞어요.

3   볼B에 달걀을 넣어 섞은 뒤 볼A와 볼B를 섞어 날가루가 보이지 않을 때까지 거품기로 잘 섞어요.

4   **3**을 유산지 깐 틀에 담아 170℃로 예열한 오븐에서 30분 정도 구워요.

Cooking Tip 선식 대신 미숫가루나 아몬드가루로 대체해도 맛있어요. 집에 눈은 곡식 가루가 있다면 활용하세요.

땅콩버터쿠키
(3-4인분)

통밀가루(또는 박력분) 200g, 베이킹파우더 1.5t, 올리고당 80g, 포도씨유 4T, 우유 3T, 땅콩버터 2T(진한 땅콩 맛을 원하시면 4T)

×

1   볼A에는 가루류를 모두 넣고 거품기로 섞고 볼B에는 액체류를 모두 넣고 거품기로 섞어요.

2   볼A에 볼B를 섞어 한 덩어리가 될 때까지 반죽해요.

3   2의 반죽을 밀대로 0.5cm 정도로 얇게 밀어 쿠키 틀로 찍거나 한 입 크기로 모양을 빚어요.

4   170℃로 예열한 오븐에서 15~20분 정도 구워요.

Cooking Tip 선물용 쿠키에 모양을 그리면 특별하고 예뻐요. 쿠키에 모양을 그릴 때는 슈거파우더 1컵과 + 레몬즙 2T를 섞어서
아이들 약병이나 짤주머니에 넣은 다음 쿠키 위에 그림을 그리고 말려 예쁘게 포장해요.

플레인요거트 200g, 작게 자른 생과일 150g, 그래놀라 또는 시리얼 70g(과일과 그래놀라는 취향껏 준비)

투명한 컵에 요거트, 생과일, 그래놀라 또는 시리얼을 층층이 넣어주세요.
다양한 색의 생과일을 넣으면 예쁘답니다. 어중간하게 남은 케이크를 비닐에 넣어
비비면 크럼블처럼 되는데 그래놀라 대신 넣어도 맛나요.

Fresh
Fruit Jelly
Kiwi&Ma
Sweet Pumpkin Latte
Ricotta Cheese Toast

리코타치즈토스트
(리코타치즈 만들기)

키위귤(과일)샐러드

생과일젤리

리코타(ricotta)는 이탈리아어로 두 번 조리했다(twice cooked)는 말이래요. 집에서도 쉽게 만들 수 있는 리코타치즈는 고소하고 부드러운 맛이 좋아 자주 만들어 먹게 되지요. 물론 토스트나 샌드위치에도 잘 어울리고요. 제가 소개해드리는 레시피에서 치즈 본연의 맛을 느끼고 싶으신 분은 시나몬을 빼세요. 탱글하고 상큼한 과일젤리로 포인트를 주었어요. 색감 좋은 키위귤샐러드는 초간단하게 후다닥 만들 수 있어요. 분명 기분 좋은 식탁이랍니다.

리코타치즈토스트 (1-2인분)

×

식빵 2장, 리코타치즈 4T, 시나몬가루 1t, 사탕수수당 1t, 견과류 약간

식빵에 리코타치즈를 펴 바르고 시나몬가루와 사탕수수당을 뿌린 후 견과류를 올려요.

Cooking Tip   리코타치즈는 크림치즈로 대체해도 좋아요.

리코타치즈 (600g)

우유 1L, 생크림 500ml, 레몬즙 3T, 소금 2t

1 냄비에 우유와 생크림을 넣고 중간불로 가열하며 가장자리가 보글보글 끓어오를 때까지 기다려요.

2 1에 레몬즙과 소금을 넣고 나무 주걱으로 1~2번간 섞은 뒤 약불로 줄여 30분 정도 끓여요.

3 면포를 깐 체에 2를 부어 거른 다음 면포를 뭉쳐서 잘 싸요.

4 면포로 치즈 윗면이 마르지 않게 감싼 채 실온에서 8시간 정도 두었다가 밀폐 용기에 담아 냉장 보관하면 5일 정도 먹을 수 있어요. 땅콩버터나 딸기잼과 섞어 먹어도 맛있어요.

Cooking Tip   우유 단백질의 응고 온도는 80℃ 정도에서 가장 잘 일어나요. 온도가 너무 높거나 낮으면 응고가 잘 되지 않으므로 온도 유지에 주의하세요. 또 중간에 저어도 응고가 되지 않으니 유의하세요.

키위귤샐러드
(1-2인분)

키위 150g, 귤 50g, 플레인요거트 3T, 꿀 1T

×

키위와 귤은 껍질을 벗겨 한 입 크기로 썰어 요거트와 꿀을 섞은 다음 가볍게 버무려요.

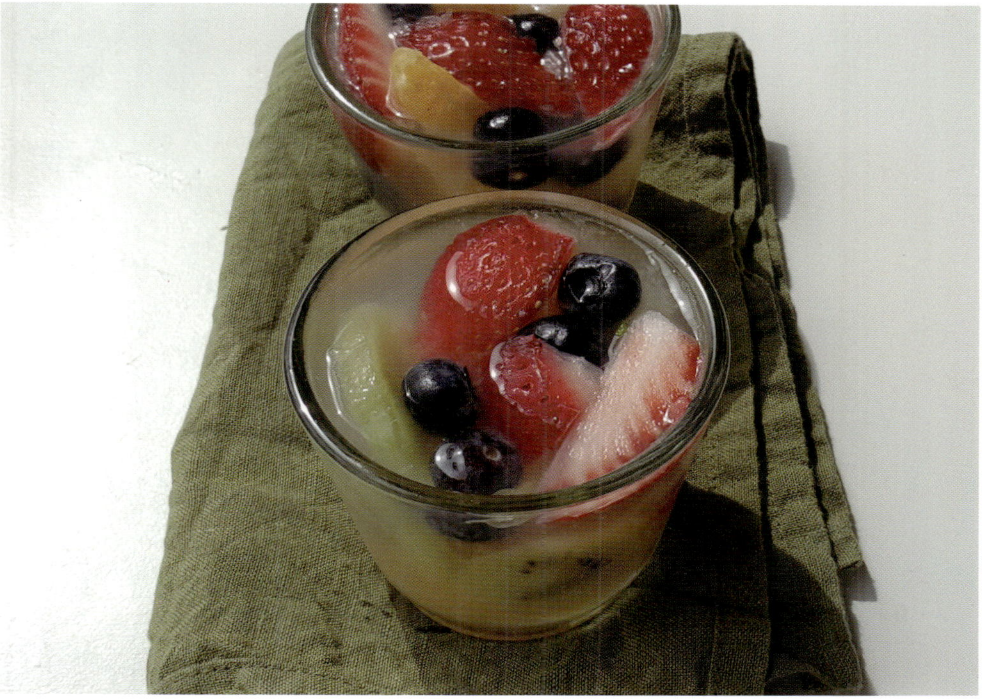

RECIPE

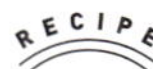

생과일젤리
(1-2인분)

×

생수 300g, 먹기 좋게 자른 생과일 300g(딸기, 키위, 귤, 블루베리 등), 젤라틴 9g, 올리고당 2T

1 젤리를 담을 컵에 과일을 골고루 담아둬요.

2 볼에 생수, 젤라틴, 올리고당을 넣고 중탕으로 젤라틴을 완전히 녹여요.

3 **1**에 **2**를 붓고 2시간 이상 냉장고에서 굳혀요.

Cooking Tip 단맛을 더 내고 싶다면 생수 대신 사과주스를 넣어도 좋아요.

Hummus Toast
Potato Salad
Pickled Asparagus

MENU

TOAST

SET

허머스토스트 (허머스)

시금치페스토오믈렛
(시금치페스토)

단호박수프
(단호박감자수프)

아스파라거스피클

감자샐러드

큐브라떼

허머스(Hummus)는 후무스라고도 불리는 중동 음식이에요. 채소에 찍어 먹어도 맛있고 빵과의 조합도 훌륭해요. 두부를 연상케 하는 콩의 구수한 매력 덕분에, 우리 입맛에도 잘 맞지요. 식감 좋은 아스파라거스로 만든 피클은 상큼함을 더해줄 거예요. 감자샐러드와 단호박수프는 은근히 맛있고 든든한 메뉴이지요. 큐브라떼는 시간이 지날수록 묽어지는 일반 아이스카페라떼와 달리 부드럽고 맛있어서 제가 좋아하는 음료이지요.

RECIPE

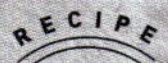

허머스토스트

(1-2인분)

식빵 2장, 허머스 100g(p.135 참조), 얇게 썬 방울토마토 100g, 샐러드채소 약간

식빵에 허머스를 고루 바른 다음 자른 방울토마토와 샐러드채소를 올려 장식해요.

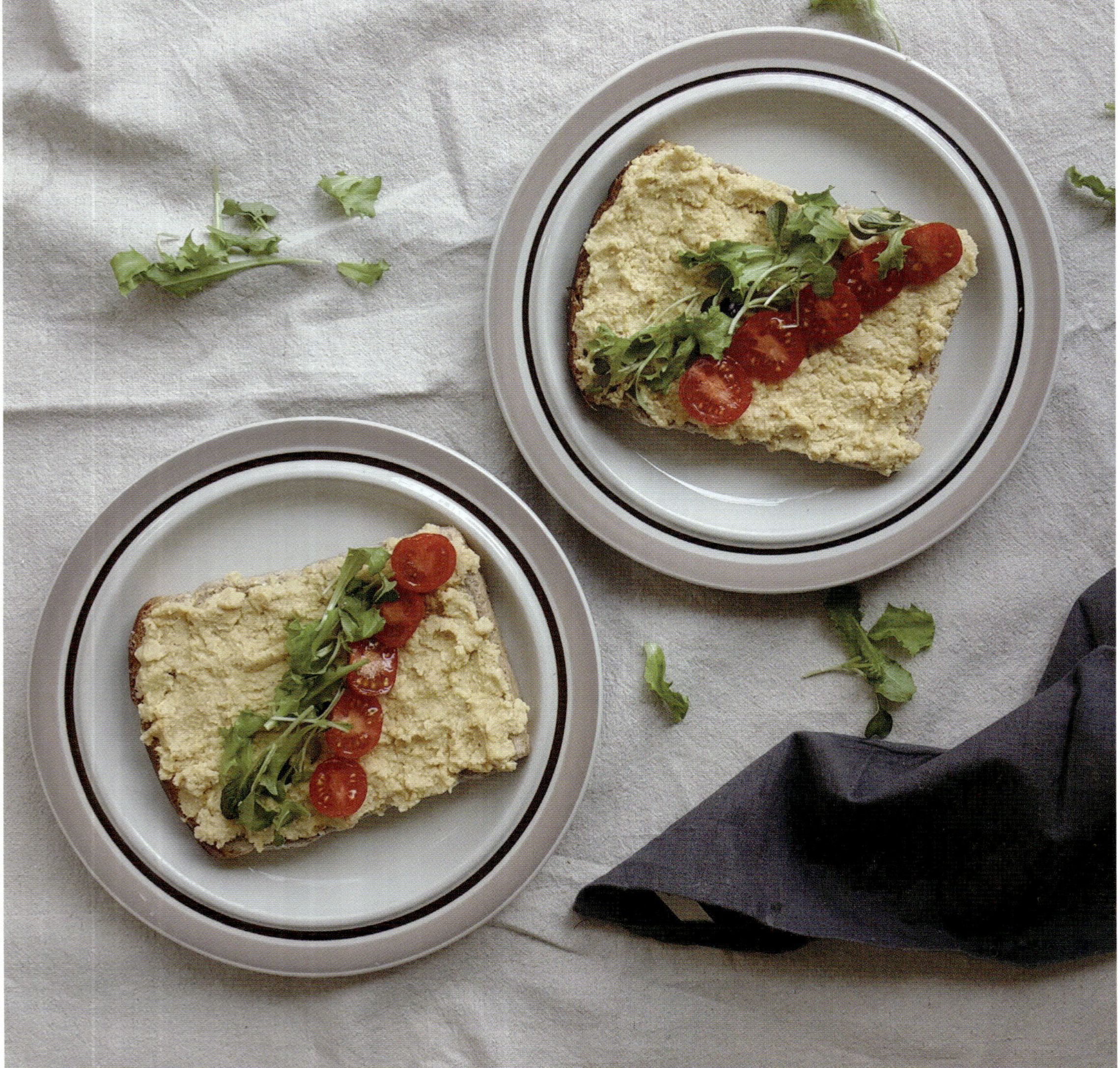

허머스
(3-4인분)

삶은 병아리콩(생콩 80g을 삶은 것) 170g, 병아리콩 삶은 물 100g,
참깨 1T, 올리브유 2T, 레몬즙 1T, 다진 마늘 1t, 소금1/2t, 커민 1/2t(선택)

모든 재료를 믹서에 넣고 갈아요.
냉장 보관하면 일주일 이상 사용 가능해요.

• 허머스 활용 요리 : p.134 허머스토스트, p.196 허머스토마토브루스케타, p.286 허머스옥수수갈레트

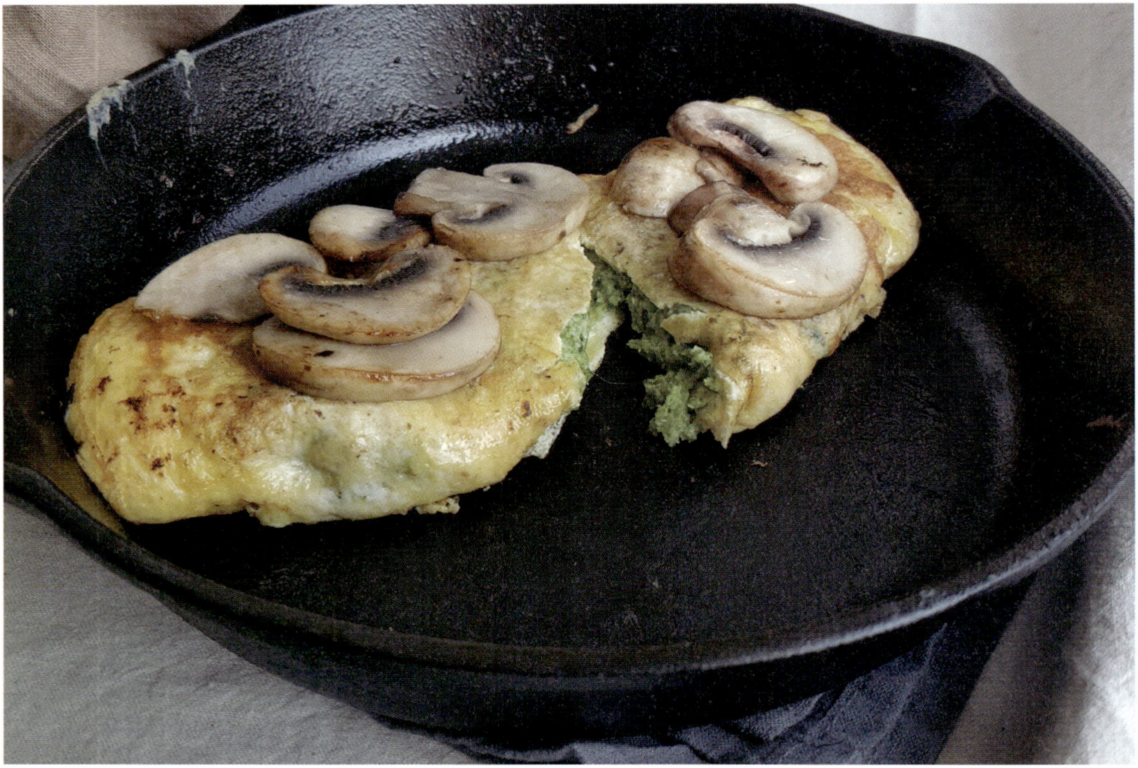

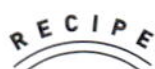

RECIPE

시금치페스토오믈렛

(1-2인분)

×

씻어 한 입 크기로 자른 시금치 50g, 달걀 4개, 시금치페스토 4T, 포도씨유 · 소금 · 후춧가루 약간씩,
장식용 구운 양송이버섯 약간(선택)

1 달걀에 소금 · 후춧가루를 넣고 잘 풀어 중불로 달군 팬에 포도씨유를 두르고 부어요.

2 달걀이 반쯤 익었을 때 1/2 정도에 시금치페스토를 고루 넣은 뒤 반으로 접어서 양면을 노릇하게 익혀요.

3 2 위에 구운 양송이버섯을 올려요(신선한 느낌을 주려면 푸른 채소를 올려도 좋아요).

RECIPE

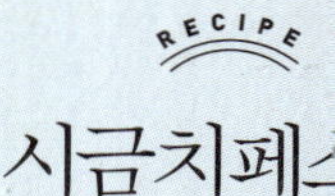

시금치페스토

(3-4인분)

×

먹기 좋게 자른 시금치 잎 100g, 올리브유 90g, 파르메산치즈가루 60g, 아몬드가루 40g, 다진 마늘 1/2T, 소금 약간을 블렌더에 넣고 곱게 갈아요.

* 시금치페스토를 사용한 요리 : p.136 시금치페스토오믈렛, p.146 토스트피자, p.189 시금치페스토바게트, p.265 새우시금치페스토갈레트

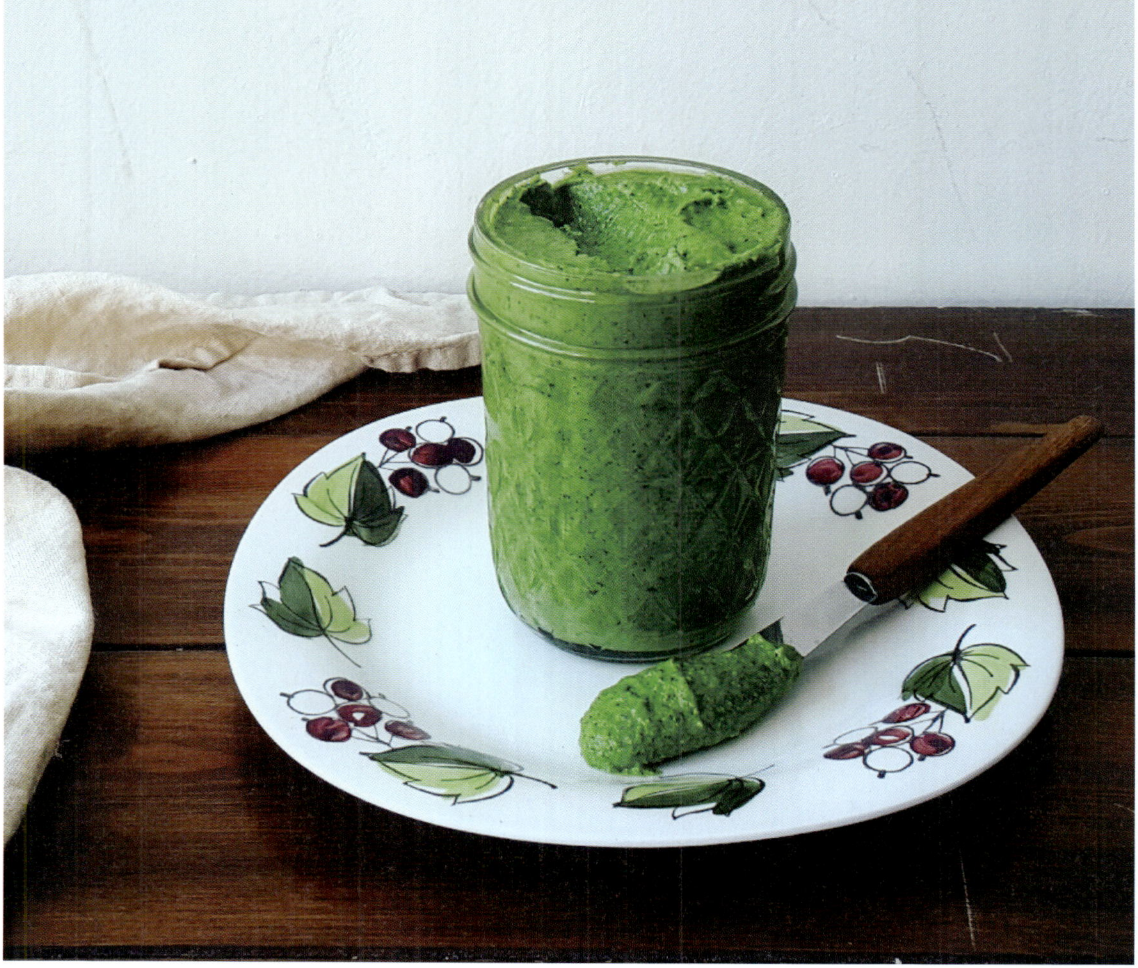

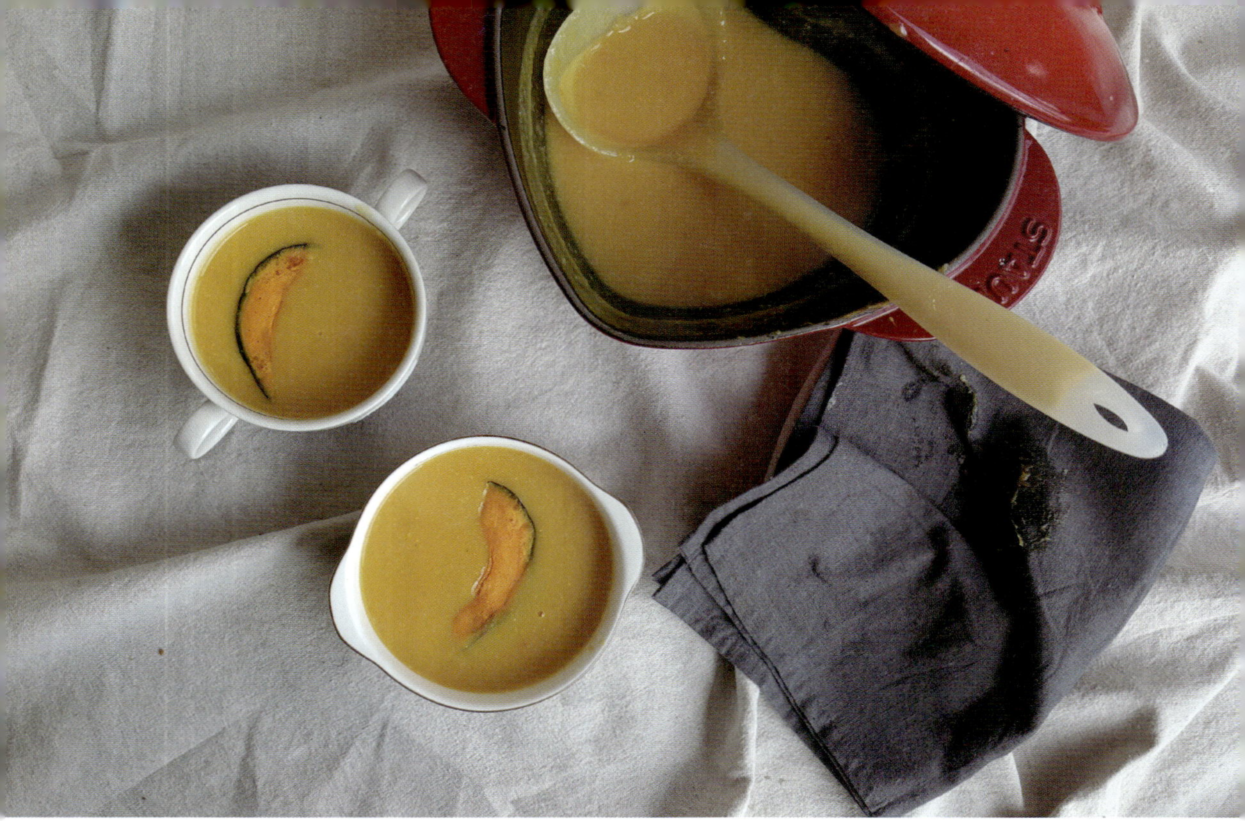

단호박수프
(3-4인분)

×

찐 단호박 200g, 양파 100g, 채소 국물 200g(p.379 참조), 우유 200g, 포도씨유 · 소금 약간씩

1   찐 단호박은 듬성듬성 썰고, 양파는 잘게 썰어 포도씨유에 볶은 다음
모두 블렌더에 넣고 곱게 갈아요.

2   냄비에 채소 국물을 넣고 중불에 저으며 끓으면
우유를 넣고 1분 정도 젓다가 불을 끄고 소금으로 간해요.

Cooking Tip 묽은 수프를 원한다면 우유를 1컵 더 넣어주세요. 씹는 식감의 수프를 좋아한다면,
찐 단호박과 감자를 듬성듬성 으깨 넣으면 색다른 수프가 된답니다.

단호박감자수프

×

단호박수프 과정 1번에서 찐 단호박과 함께
찐 감자 100g 정도를 듬성듬성 으깨서 준비한 다음 찐 감자만 블렌더에 갈지 않고
건더기가 있도록 끓이면 됩니다.

RECIPE
아스파라거스피클
(500ml 병 1개)
끝을 잘라낸 아스파라거스 200g, 식초 200g, 물 200g, 마늘 1쪽,
얇게 썬 레몬 1쪽, 통후추 1t, 건조 허브 1t, 소금 약간

1 아스파라거스를 끓는 물에 1분 정도 데쳐 체에 밭쳐 물을 빼둬요. 데칠 때 굵은 밑동부터 넣어주세요.

2 냄비에 식초, 물, 통후추, 건조 허브를 넣고 중불로 가열하다 끓으면 불을 꺼요.

3 깨끗하게 소독한 병에 레몬과 마늘을 먼저 넣고 1의 데친 아스파라거스를 넣어요.

4 3에 2를 붓고 뚜껑을 닫은 뒤 실온에서 하루 숙성 뒤 냉장 보관해요.

감자샐러드 (1-2인분)

×

삶은 감자 300g, 샐러드채소(어린잎) 50g, 베이컨 2줄(60g)

드레싱 : 올리고당 · 식초 · 마요네즈 각 1T씩, 소금 · 후춧가루 약간씩, 디종머스터드 1t(선택)

1 삶은 감자는 껍질을 벗기고 뜨거울 때 으깨고 살짝 식혀둬요.

2 샐러드채소(어린잎)는 씻어 물기를 빼두고, 베이컨은 바짝 굽고 종이 포일에
   올려 기름기를 빼고 다져요.

3 볼에 드레싱 재료를 모두 넣고 잘 섞어 삶은 감자와 버무려요.

4 접시에 어린잎을 담고 3을 얹은 다음 베이컨을 장식하듯 올려요.

Cooking Tip 감자샐러드에 삶아 으깬 달걀 2개, 마요네즈 2T를 넣어도 좋아요.

→ 삶은 계란을 얇게 썰어 곁들여도 잘 어울려요. 베이컨이 없으면 치즈로 대체해도 좋아요. 감자를 으깨지 않고
   한 입 크기로 썬 후에 살짝 식혔다가 채소, 베이컨과 드레싱에 다 함께 버무려도 색다르죠.

RECIPE

큐브라떼
(1인분)

얼음 틀에 냉동한 에스프레소 2샷(4T), 우유 1컵

×

컵에 냉동 에스프레소큐브를 넣고 우유를 부어 마셔요.

Toast Pizza
Roasted Potatoes with Herbs
Sweet Pumpkin Cake
Grapefruit Ade

토스트피자
(드라이드토마토)

허브감자구이

단호박케이크

채소스틱과 갈릭요거트소스

자몽에이드 (자몽청)

식빵에 시금치페스토를 바르고 치즈를 올려 바삭하게 구운 피자와 시원한 자몽에이드, 상큼한 채소를 곁들였답니다. 마늘과 요거트를 섞은 갈릭요거트소스는 새콤달콤하기에 어떤 채소와도 잘 어울려요. 허브 향이 솔솔 나는 감자구이는 맛도 좋고 든든하답니다.

토스트피자

×

식빵 1장, 시금치페스토 1T(p.137 참조), 토마토(또는 드라이드토마토 p.147 참조) 30g, 모차렐라치즈 30g

식빵에 시금치페스토를 펴 바른 뒤 드라이드토마토를 얹고 모차렐라치즈를 고루 뿌려요.
180℃로 예열한 오븐에 10분 정도 치즈가 노릇하게 녹을 정도로 구워요.

드라이드토마토

(200ml 잼병 1개)

얇게 썬 방울토마토 200g, 올리브유, 소금 · 후춧가루 약간씩, 건조 허브(선택)

방울토마토를 얇게 썰어 소금 · 후춧가루를 뿌린 다음
100℃로 예열한 오븐에 3시간 정도 구워요.
꺼내서 식힌 뒤 밀봉 보관해요.

Cooking Tip.

드라이드토마토를 만들어서 밀봉해 보관해두면 토마토 파스타,
스콘, 토스트, 샐러드 등 다양하게 사용할 수 있어요.
식품 건조기를 사용할 때는 70℃에 4시간 정도 건조하면 됩니다.
오븐마다 사양이 다르니 타지 않도록 중간중간 확인하세요.

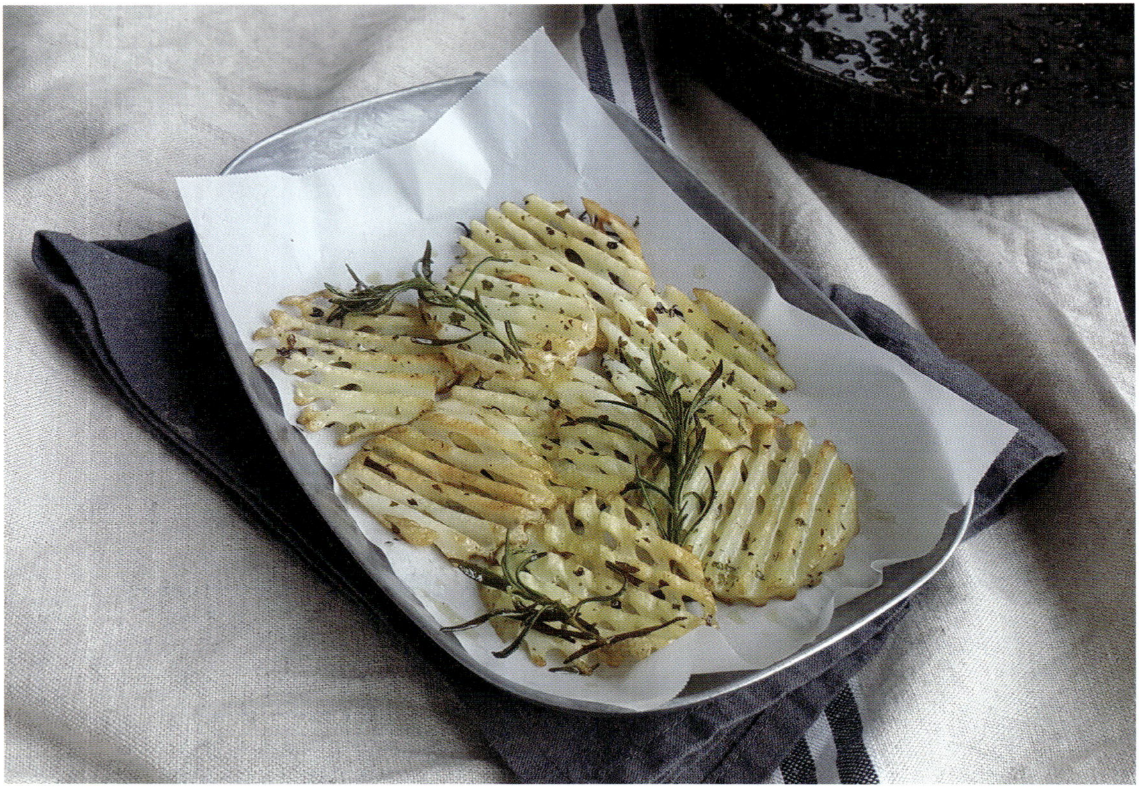

RECIPE

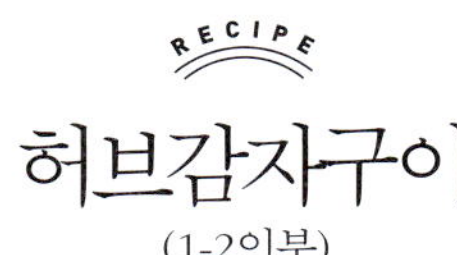

허브감자구이

(1-2인분)

×

감자 350g, 올리브유 · 소금 · 후춧가루 약간씩, 건조 허브 1T(선택)

감자를 삶아 껍질을 벗겨 웨지감자 모양이나 한 입 크기로 잘라요. 중불로 달군 팬에 올리브유를 살짝 두르고 올려 소금 · 후춧가루와 허브를 뿌린 후 먹음직스럽게 노릇한 상태가 될 때까지 볶아요.

Cooking Tip 감자를 삶을 때 너무 오래 푹 쪄서 으깨지지 않도록 주의하세요.

단호박케이크
(3-4인분)

쪄서 으깬 단호박 100g, 통밀가루(또는 박력분) 110g, 베이킹파우더 1/2T, 올리고당 80g, 우유 100g(실온),
포도씨유 35g

1 단호박은 으깬 뒤 물기가 날아가게 넓게 펴둬요.

2 볼A : 통밀가루와 베이킹파우더를 거품기로 잘 섞어요.

3 볼B : 올리고당, 우유, 포도씨유를 거품기로 쳐요.

4 볼B에 볼A를 넣고 거품기로 가루가 보이지 않을 때까지 잘 섞은 다음, 으깬 단호박을
넣고 골고루 섞어요.

5 유산지를 깐 틀에 4를 담은 뒤 170℃로 예열한 오븐에 50분 정도 구워요.
(중간에 겉 표면이 너무 진하다 싶으면 유산지로 덮어주세요.)

Cooking Tip 굽기 직전에 자른 단호박 몇 쪽을 반죽 위에 올려주면 더 먹음직스러워요.
단호박을 감자로 대체하여 좀 더 식사빵다운 느낌으로 즐겨보시는 것도 좋아요.

채소스틱과 갈릭요거트소스

(4인분)

당근과 오이 또는 셀러리 등 적당량,

갈릭요거트소스 : 플레인요거트 120g, 올리고당 1.5T, 다진 마늘 1T, 레몬즙 1T, 다진 파슬리 · 소금 · 후춧가루 약간씩

×

준비한 채소는 스틱 모양으로 잘라요. 갈릭요거트소스의 모든 재료를 넣고 잘 섞어
냉장고에 보관해요. 채소 등에 곁들여 먹으면 맛있지요.

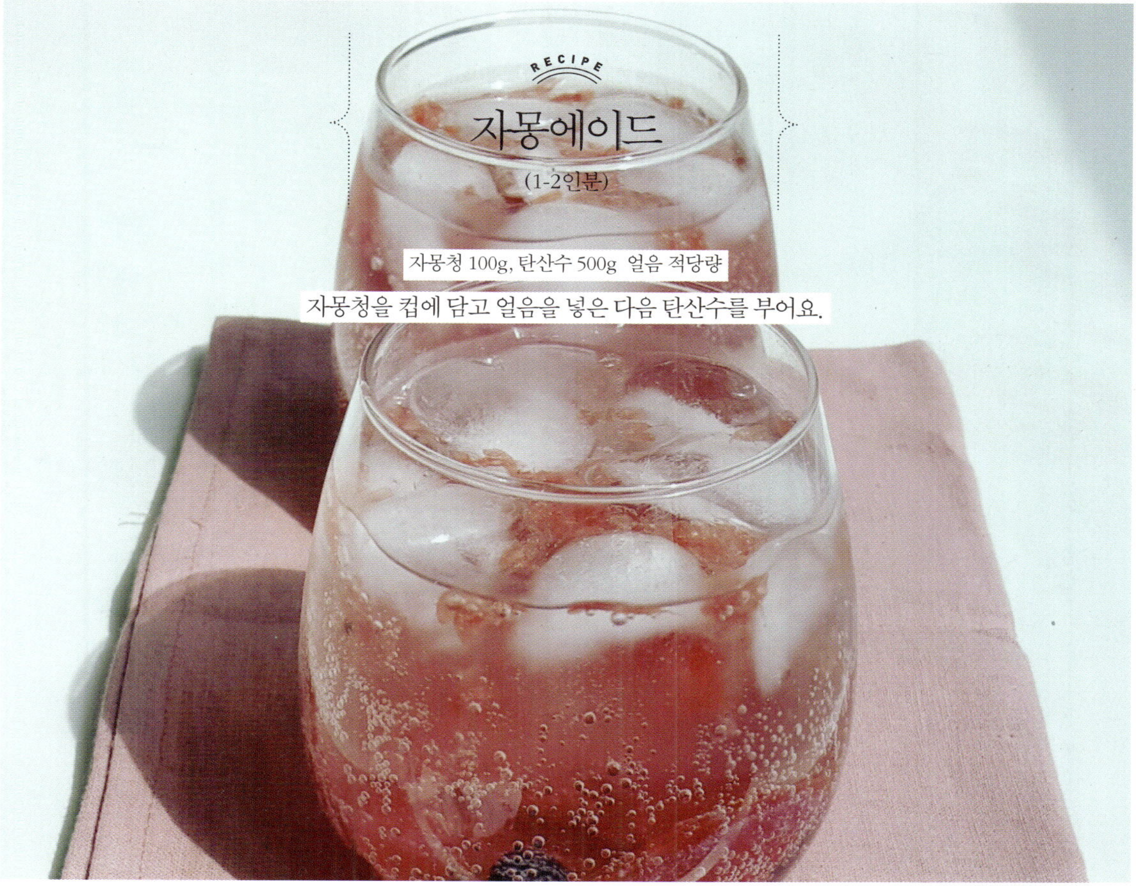

RECIPE

자몽에이드

(1-2인분)

자몽청 100g, 탄산수 500g 얼음 적당량

자몽청을 컵에 담고 얼음을 넣은 다음 탄산수를 부어요.

RECIPE

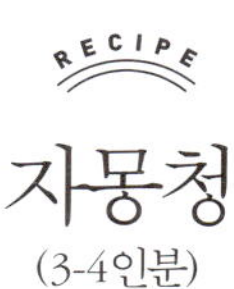

자몽청

(3-4인분)

자몽 200g, 올리고당 400g, 베이킹소다 약간

1 자몽을 베이킹소다로 깨끗이 문질러 씻은 다음 얇게 잘라요.

2 깨끗이 소독한 병에 자른 자몽을 담고 올리고당을 부어 채워요.

3 실온에서 반나절 숙성한 뒤 냉장 보관해요.

Cooking Tip 취향에 따라 뜨거운 물을 부어 차로 즐겨도 좋아요.

Tofu Brownies(+Chocolate Nut Jam)
Apple&Green Grape Salad
Open Faced Fruit Sandwich
Carrot Cake
Blueberry Smoothie

과일오픈샌드위치&
과일생크림샌드위치

당근케이크

두부브라우니(초콜릿잼)

사과청포도샐러드

블루베리스무디

눈으로 먼저 마음을 사로잡고 맛으로 감동을 주는 식탁이 될 거예요. 오픈샌드위치에 어울리는 과일로는 부드러운 식감의 키위, 딸기, 바나나가 좋아요. 바나나는 변색 방지를 위해 레몬즙을 슬쩍 발라주세요. 자를 때 과일이 흐트러지는 게 신경 쓰인다면, 미리 빵을 자른 뒤에 과일을 올리면 되겠지요. 핑거 프드가 필요한 파티에 추천해드려요.

식빵 2장, 잼(또는 크림치즈) 2T, 과일(키위, 딸기, 바나나 블루베리 등) 색깔별로 150g

생과일을 예쁜 단면이 보이게 자르고, 식빵에 잼이나 크림치즈를 바른 다음 잼 위에 생과일을 붙이듯 올려요.

Cooking Tip 잼이나 크림치즈 대신 휘핑한 생크림도 좋아요. 과일은 색 대비가 선명하고 무를수록 좋아요.

과일생크림샌드위치
(1-2인분)

식빵 2장, 생크림 150g, 과일(키위, 딸기, 바나나, 블루베리 등) 100g, 사탕수수당 15g

1 과일은 얇게 썰어 밀폐 용기에 담아둬요.

2 생크림에 사탕수수당을 천천히 넣으며 핸드믹서로 뾰족한 뿔이 생길 정도로 단단하게 거품을 올려요.

3 식빵에 생크림을 바르고 과일을 올린 뒤 나머지 식빵으로 덮어요.

4 랩을 씌워 냉장고에서 30분 정도 보관한 뒤 단면을 잘라요.

Cooking Tip 자를 때 뜨거운 물을 걱신 행주로 칼을 닦은 뒤 재빨리 자르면 매끈하게 자를 수 있어요. 과일은 색 대비가 선명하고 무를수록 좋아요.

당근케이크
(3-4인분)

채 썬 당근 100g, 통밀가루(또는 박력분) 130g, 베이킹파우더 4g, 시나몬파우더 1T, 올리고당 80g,
포도씨유 60g, 우유 30g, 달걀 1개, 견과류 50g(선택)
* 우유와 달걀은 실온에 미리 꺼내두세요.

당근 덕분에 촉촉한 케이크입니다. 좀 더 퍽퍽한 느낌이 좋으시면 아몬드가루를 40g
추가해주세요.

1   볼A : 통밀가루, 베이킹파우더, 시나몬파우더를 체에 내려요.

2   볼B : 올리고당, 포도씨유, 우유, 달걀을 넣고 핸드믹서나 거품기로 잘 섞은 다음
      채 썬 당근을 넣고 잘 섞어요. 견과류를 준비했다면 이때 넣어요.

3   유산지를 깐 틀에 2의 반죽을 담은 뒤 170℃로 예열한 오븐에서 40분 정도 구워요.

Cooking Tip 구운 케이크를 그냥 먹어도 좋지만 프로스팅으로 데코를 하면 더 예쁘고 맛있어요. 파티 자리에 심심한
케이크만 가져가기 망설여질 때 시도해보세요. 일반 케이크 프로스팅보다 훨씬 건강하답니다.
크림치즈프로스팅(p.093 참조)은 팬케이크응용케이크(p.091 참조)에서 사용한 레시피와 같아요.

두부브라우니 (초콜릿잼)

(3-4인분)

×

두부 100g, 통밀가루(또는 박력분) 120g, 체 친 무가당 코코아가루 30g, 베이킹파우더 1t, 다크초콜릿 60g, 우유 130g,
올리고당 80g, 포도씨유 35g, 데코용 초코칩이나 견과 약간(선택)

1 볼A : 통밀가루, 코코아가루, 베이킹파우더를 체에 내려요.

2 볼B : 초콜릿을 중탕으로 녹인 다음 두부를 으깨어 넣고 거품기로 잘 섞어요.

3 볼C : 올리고당, 포도씨유, 우유를 넣고 섞어요.

4 볼B에 볼C를 섞고 볼A를 넣어 날가루가 보이지 않을 때까지 거품기로 잘 섞은 다음 초코칩을 넣어요.

5 유산지를 깐 틀에 반죽을 담고 180℃로 예열한 오븐에 1시간 정도 구워요.

초콜릿잼

(3-4인분)

×

생크림 170g, 초콜릿 100g, 럼주 1T(선택)

생크림을 약불로 끓기 직전까지 데우고 초콜릿과 럼주를 넣어 섞은 뒤 깨끗이 소독한 병에 담아요.

Cooking Tip 냉장하면 굳지만 먹기 30분 전에 꺼내두면 말랑해집니다. 럼주를 넣으면 풍미가 좋아요.

RECIPE

사과청포도샐러드
(1-2인분)

사과 200g, 청포도 200g, 레몬즙 2T, 드레싱(마요네즈 1T,
꿀 1T), 견과 약간(선택)

깨끗이 씻은 포도는 알을 떼서 반으로 자르고 사과
는 먹기 좋게 얇게 썰어 레몬즙을 뿌려 갈변을 막
아요. 볼에 드레싱 재료를 잘 섞어 과일과 버무린
다음 취향에 따라 견과류를 뿌려요.

Cooking Tip
좀 더 진한 맛을 좋아하시면 마요네즈를 1T 더 넣어주세요.

블루베리스무디

블루베리 180g, 얼린 뒤 한 입 크기로 썬 바나나 380g, 우유 200g, 요거트 120g

×

믹서에 모두 넣고 갈아요.

Chocolate Banana Ice Cream
Crumble Toast
Mocha Smoothie
Apple Salad
Granola Bar
Sliced Bread Pudding

식빵푸딩

초코크럼블토스트

과일타르트

사과샐러드

초코바나나아이스크림

김말랭이견과그래놀라바

모카스무디

식빵을 좀 더 색다르게 푸딩으로 즐겨보세요. 산 지 시간이 좀 지나서 딱딱해진 식빵을 활용할 때도 좋은 메뉴지요. 초 코크럼블을 만들어 토스트에 곁들이면 의외의 조합에 놀 라실 걸요. 뮤즐리를 바(bar)로 만들면 마지막까지 맛있게 먹을 수 있답니다.

식빵푸딩
(1-2인분)

식빵 2장(한 입 크기로 자른 식빵 2장 분량), 우유 200g, 연유 200g(연유 단맛이 부담스러우면 연유 100g, 생크림 100g)

×

오븐 용기에 자른 식빵을 담고 고루 섞은 우유와 연유를 부어 200℃ 로 예열한 오븐에 20분 정도 구워요.

Cooking Tip 취향에 따라 시나몬가루를 살짝 뿌려도 좋아요.

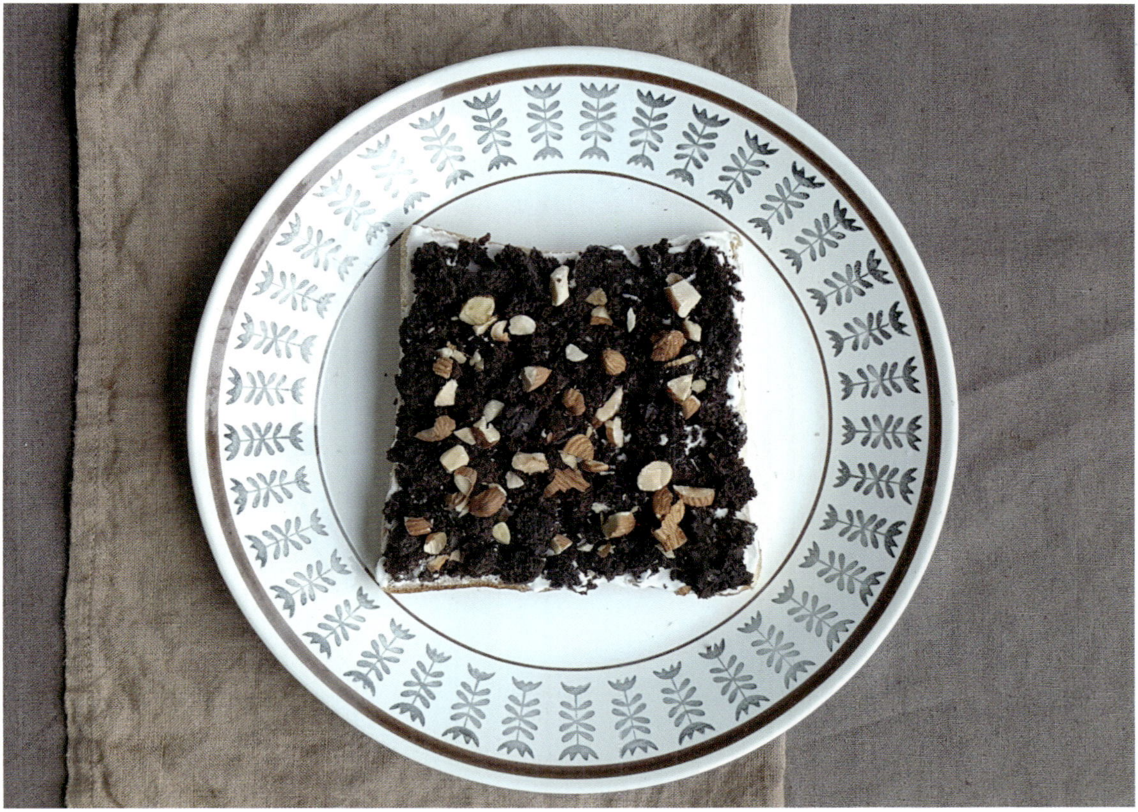

RECIPE

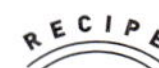

초코크럼블토스트

(1-2인분)

×

초코크럼블 1컵(p.159 두부브라우니를 으깨어 준비), 식빵 2장, 다진 견과류 2T, 꿀 2T, 크림치즈 2T

크림치즈와 꿀을 섞어 식빵에 바른 다음 초코크럼블과 견과를 뿌려요.

Cooking Tip 꿀과 크림치즈 대신 단단하게 거품을 낸 생크림을 발라도 맛있어요.

과일타르트

(3-4인분)

(지름 18cm 타르트 틀 1개 분량)

크러스트 : 통밀가루(뜨는 박력분) 170g, 베이킹파우더 1/2t, 올리고당 80g,
     포도씨유 50g

필링 : 통밀가루 50g, 포도씨유 50g, 우유 500g, 올리고당 100g, 바닐라에센스1t,
     생크림 100g

장식 : 딸기, 귤, 키위 등 적당량

1   볼A : 통밀가루와 베이킹파우더를 거품기로 잘 섞어요.

2   볼B : 포도씨유, 올리고당을 거품기로 잘 섞어요.

3   볼A와 볼B를 섞어 날가루가 보이지 않을 때까지 한 덩어리로
    치대며 반죽해요. 밀대로 **0.5cm** 정도로 밀어 비닐 랩이나 위
    생 팩에 넣고 냉장고에 30분 정도 두어요.

4   준비한 틀에 맞게 **3**의 반죽을 올린 다음 남은 부분은 떼어내
    고, 반죽 바닥에 포크로 구멍을 내요.

5   180℃로 예열한 오븐에서 8분 정도 구운 다음 꺼내서 식힘 망
    에서 식혀요. 타르트시트인 크러스트가 완성되었어요.

6   필링을 만들어요. 통밀가루에 포도씨유, 우유, 올리고당을 넣
    고 잘 섞은 다음, 냄비에서 약불로 5분 정도 끓이다가 바닐라
    에센스를 섞고 식힌 후 냉장 보관해요.

7   생크림을 거품기로 뾰족한 뿔이 설 정도로 단단하게 내요.

8   **5**의 크러스트에 **6**의 필링을 채운 뒤 거품낸 생크림을 올리고
    과일로 예쁘게 장식해요.

RECIPE

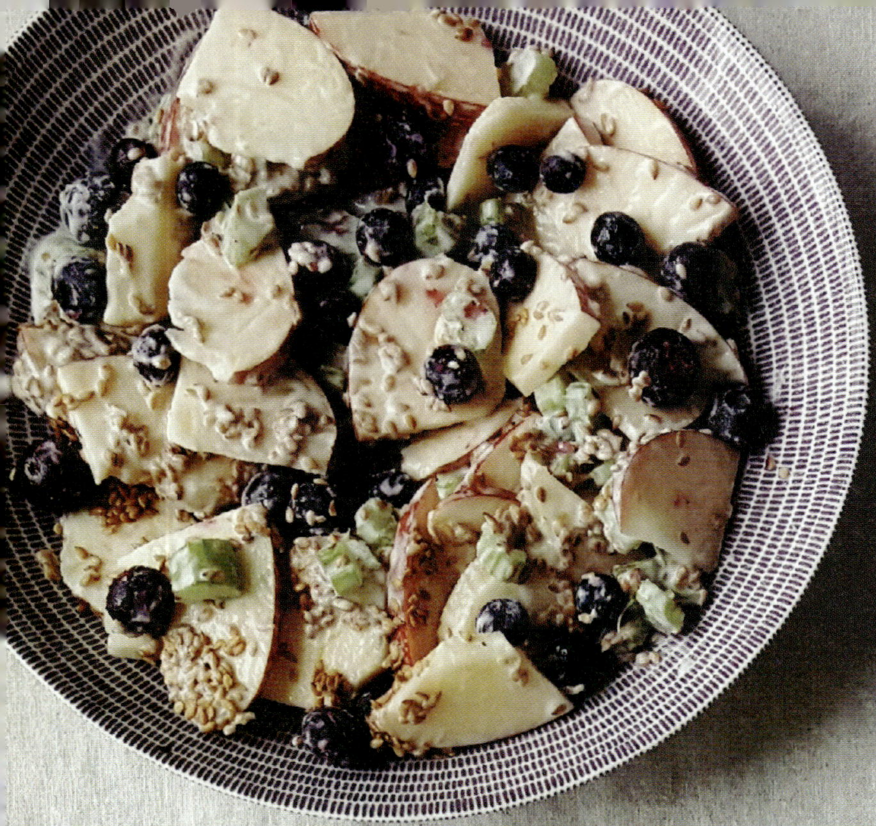

사과샐러드

(1-2인분)

얇게 썬 사과 200g, 얇게 썬 셀러리 50g, 다진 건과일(건포도, 건크랜베리 등) 60g, 다진 견과 40g, 레몬즙 1T, 드레싱(마요네즈 2T, 플레인요거트 2T, 소금 약간)

×

사과에 레몬즙을 골고루 뿌려두고 셀러리, 건포도, 견과 등은 잘 섞어요. 볼에 드레싱 재료를 섞은 다음 모두 넣어 버무려요.

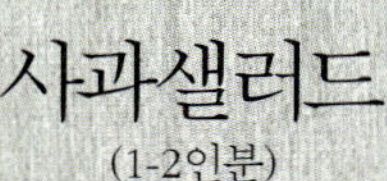

Cooking Tip 사과에 레몬즙을 뿌릴 때 요리용 붓을 사용하면 골고루 바를 수 있어 사과의 갈변을 막아주고 풍미도 좋아져요.

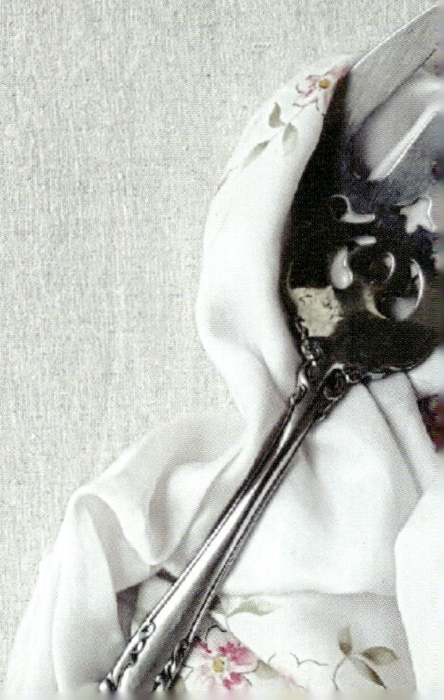

초코바나나아이스크림
(1-2인분)

잘게 잘라 냉동한 바나나 400g, 코코아가루 2T

바나나는 블렌더로 갈기 전 살짝 녹인 뒤 코코아가루를 뿌려 갈아요. 좀 더 진한 초콜릿 맛을 원하면 코코아가루를 4T까지 늘려도 좋아요. 아이스크림 스쿱 등으로 예쁘게 떠서 내요.

자체의 단맛이 좋지만 부족하다 싶다면 올리고당을 1~2T 추가해주세요.

감말랭이견과그래놀라바
(3-4인분)

×

잘게 다진 반건시 또는 감말랭이 200g, 오트밀 135g, 다진 아몬드 110g, 올리고당 4T,

땅콩버터 또는 누뗼라 4T, 물(냄비의 반 정도의 물)

* 오트밀과 아몬드는 마른 팬에 살짝 구우면 더 고소해요.

1 반건시는 절구를 찧는 것처럼 무거운 걸로 찧어 물컹물컹한 상태로 만들어요.

2 볼에 올리고당과 땅콩버터를 넣어요.

3 냄비에 물을 끓인 뒤 2를 넣고 저으며 걸쭉하게 만들어요.

4 1과 2의 모든 재료를 섞고 오트밀과 다진 아몬드를 함께 버무려 랩을 깐 틀에 눌러
   담아 20분 정도 냉동 보관해요.

5 먹기 좋게 자른 뒤 각각 밀봉해서 냉동 보관하고 먹기 전에 자연 해동해요.

RECIPE

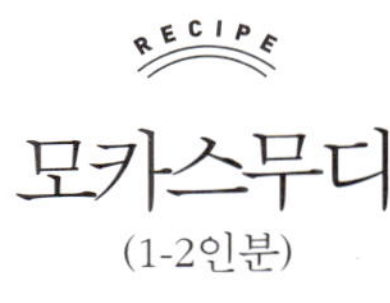

모카스무디

(1-2인분)

×

블랙커피 분말 3g, 바나나 400g, 우유 200g, 얼음 200g을 믹서에 모두 넣고 갈아요.

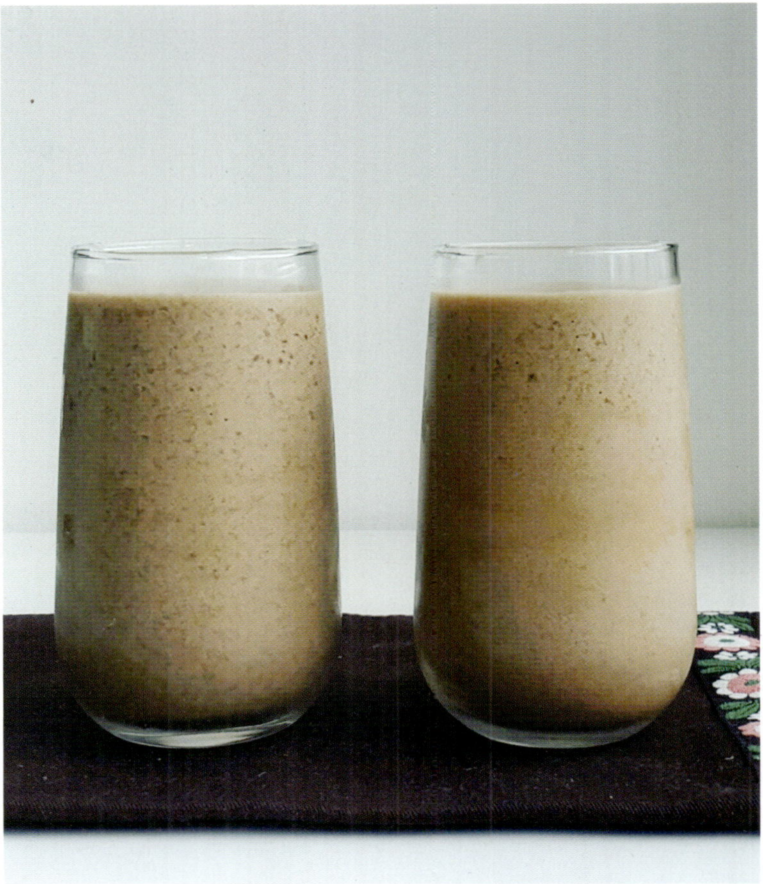

세 번째,
바게트가 있는 식탁

꾸미지 않고 솔직하고 소박한 빵. 바게트(baguette)에 대한 저의 생각과 느낌입니다. 세상에서 제가 제일 좋아하는 빵이지요. 재료가 간단한 것도 매력이지만 특유의 긴 모양과 담백한 맛이 정말 좋아요. 빵집의 표상처럼 한 켠을 지키며 존재감을 드러내는 빵. 그런 바게트 같은 사람이 되고 싶다는 생각을 종종 한답니다. 바게트의 다양한 변신을 기대하며 그 매력 속으로 빠져보세요.

참, 바게트를 만들 때 전용 틀이 없어도 일반 팬에 올려서 구울 수 있답니다. 아래 면의 고유한 무늬만 생기지 않을 뿐. 맛은 변함없으니 시도해보세요. 물론 여의치 않을 때는 가까운 베이커리에서 구입하시는 걸로… ^^

Baguette
3

RECIPE

플레인바게트

(25cm 2개 분량)

×

강력분 125g, 박력분 125g, 드라이이스트 3g,

소금 5g, 올리고당 5g, 실온의 물 160g,

덧가루 약간

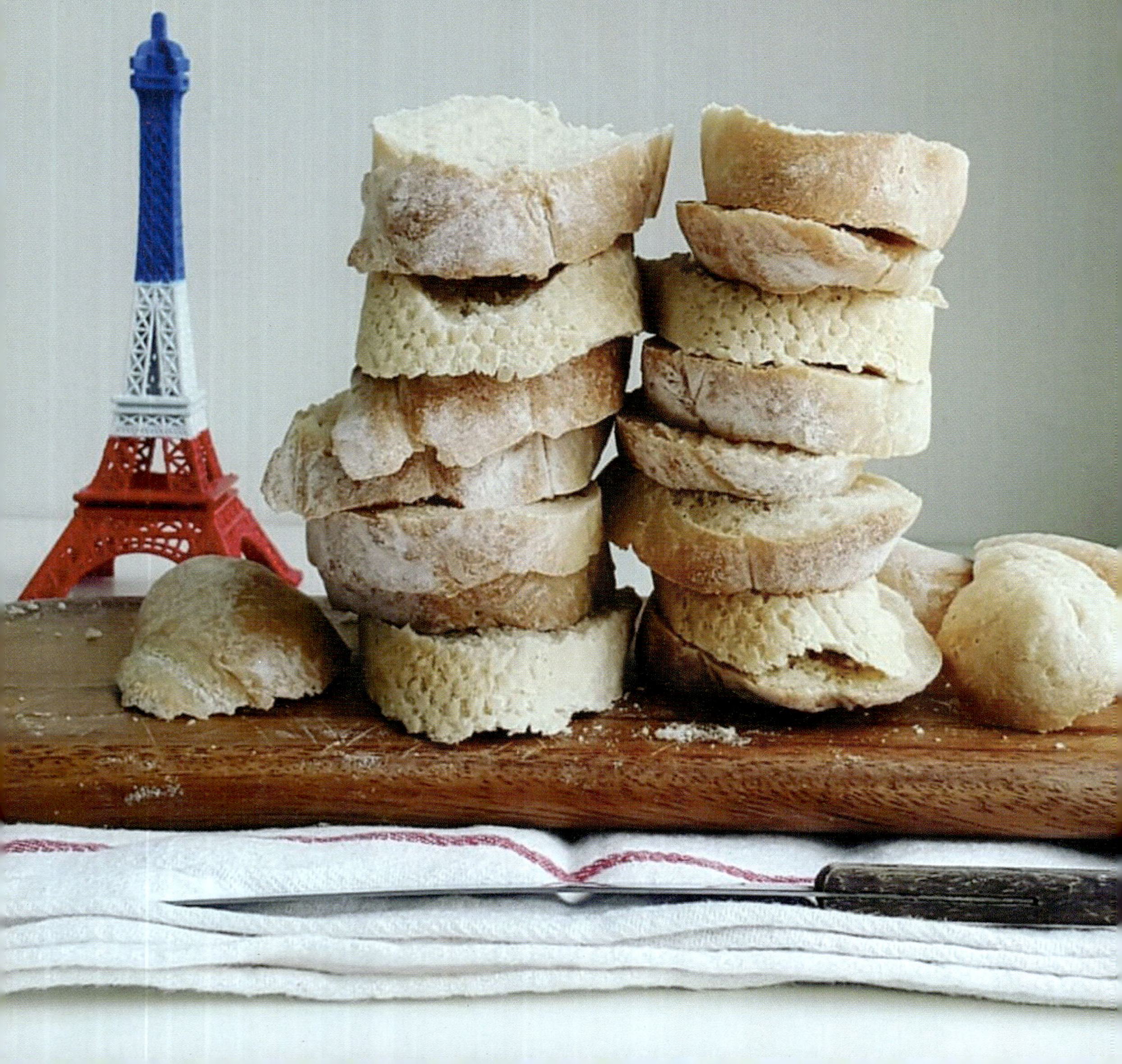

1   볼에 밀가루를 넣고 거품기로 섞은 뒤 손가락으로 구멍 3개를 파서 이스트, 소금, 올리고당을 닿지 않도록 각각 넣어요.

2   1을 거품기로 섞은 뒤 손가락으로 가운데 구멍을 파고 물을 넣어요.

3   손으로 치대거나 핸드믹서로 한 덩어리로 매끄럽게 될 때까지 반죽해요.

4   반죽을 두 덩이로 나누어 15분 정도 1차 발효해요.

5   4의 반죽을 깊은 용기에 담고 반죽이 마르지 않도록 비닐이나 면포로 덮어 약 25℃ 정도의 온도에서 부피가 2배로 부풀 때까지 1시간 정도 중간 발효해요. (손가락에 통밀가루를 묻혀 반죽에 구멍을 뚫어보고 구멍이 그대로면 발효가 완료된 거랍니다).

6   손으로 가볍게 눌러 가스를 빼고 반죽을 납작하게 밀대로 밀어 편 다음 끝에서부터 돌돌 말아 마지막 이음새 부분을 손으로 꼬집어 붙여요.

7   팬에 올려 45분 정도 2차 발효해요. 반죽 윗면이 닿지 않도록 뚜껑 있는 큰 통이나 전자레인지 속에 넣어둬요.

8   반죽 위에 칼집을 내고 덧가루를 체에 담아 슬슬 뿌린 뒤 220℃로 예열한 오븐에서 20분 정도 구워요.

> **Cooking Tip**   오븐에 굽기 직전에 분무기로 오븐 내부에 물을 몇 번 뿌려주면 빵 껍질이 바삭해져요.
> 전용 틀이 없다면 팬 위에 올려 구우면 된답니다.

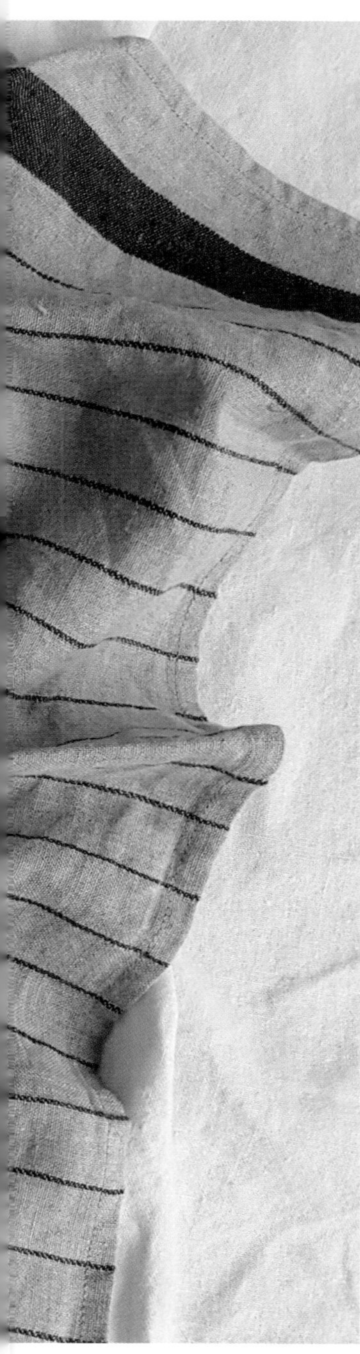

통밀바게트
(30cm 2개 분량)

×

통밀가루(또는 강력분과 박력분 1:1) 400g, 실온의 물 260g, 인스턴트드라이이스트 6g, 소금 6g, 덧가루 약간

1 볼에 통밀가루를 넣고 손가락으로 구멍 2개를 간격을 두고 만들고 이스트와 소금을 넣은 다음 거품기로 섞어요.

2 물을 조금씩 넣으며 20분 정도 손이나 핸드믹서로 뭉치거나 치대서 매끈하게 한 덩어리가 될 때까지 반죽해요.

3 2의 반죽을 깊은 용기에 담고 반죽이 마르지 않도록 비닐이나 면포로 덮어 약 25℃ 정도의 온도에서 부피가 2배로 부풀 때까지 1시간 정도 1차 발효해요.(손가락에 통밀가루를 묻혀 반죽에 구멍을 뚫어보고 구멍이 그대로면 발효가 완료된 거랍니다).

4 반죽을 다시 뭉쳐 두 덩이로 나눠 팬에 올려요.

5 4의 반죽을 비닐이나 면포로 덮고 20분 정도 중간 발효한 뒤, 반죽을 납작하고 둥글게 말아 모양을 잡고 윗면에 칼집을 내요. 반죽 위에 통밀가루를 체에 담아 솔솔 뿌려요.

6 5의 반죽을 빵 표면에 비닐이 닿지 않게 덮고 2차 발효한 후, 200℃로 예열한 오븐에 30분 정도 구워요.

> **Cooking Tip** 오븐에 굽기 전에 반죽에 분무기로 물을 두어 번 뿌려주면 빵 껍질이 바삭해져요. 전용 틀이 없다면 팬 위에 올려 구우면 된답니다.

Cucumber Tomato Salad
Royal Milk
Baguette Porridge

바게트포리지

오이토마토샐러드

사과잼

사과포도잼

로얄밀크티

그냥 먹어도 맛있는 바게트지만 색다르게 즐겨보세요. 포리지(porriage)는 죽처럼 따뜻하고 건더기가 있는 음식을 말해요. 딱딱한 바게트를 우유에 살짝 끓여 부드러운 식감의 포리지를 만들었어요. 정직한 사과잼과 상큼함을 더한 오이토마토샐러드, 쌀쌀한 홍차에 우유의 부드러움을 가미한 밀크티도 잊지 마세요.

바게트포리지
(1-2인분)

우유 400g, 바게트 100g, 사과잼(p. 183 참조), 꿀 3T(선택)

냄비에 대강 자른 바게트, 우유, 꿀을 넣고 중불에서
3분간 살살 져으며 끓여요. 그릇에 옮겨 담고 사과잼을 올려 내요.

오이토마토샐러드
(1-2인분)

오이 250g, 방울토마토 250g, 드레싱(올리브유 2T, 올리고당 2T, 식초 1T, 소금 · 후춧가루 약간씩)

×

볼에 드레싱 재료를 모두 섞고 오이와 토마토를 적당한 크기로 잘라 드레싱과 고루 버무려요.

Cooking Tip 매운맛을 좋아하면 양파 50g을 얇게 잘라 섞어도 풍미가 좋아져요. 페타치즈나 다진 올리브를 흩뿌려도 좋고요.
좀 더 가벼운 느낌을 원하면 드레싱(올리고당 2T, 레몬즙 2T, 건조 로즈마리 1T, 소금 약간)을 뿌리면
기름진 식사에 곁들여 먹기 좋아요.

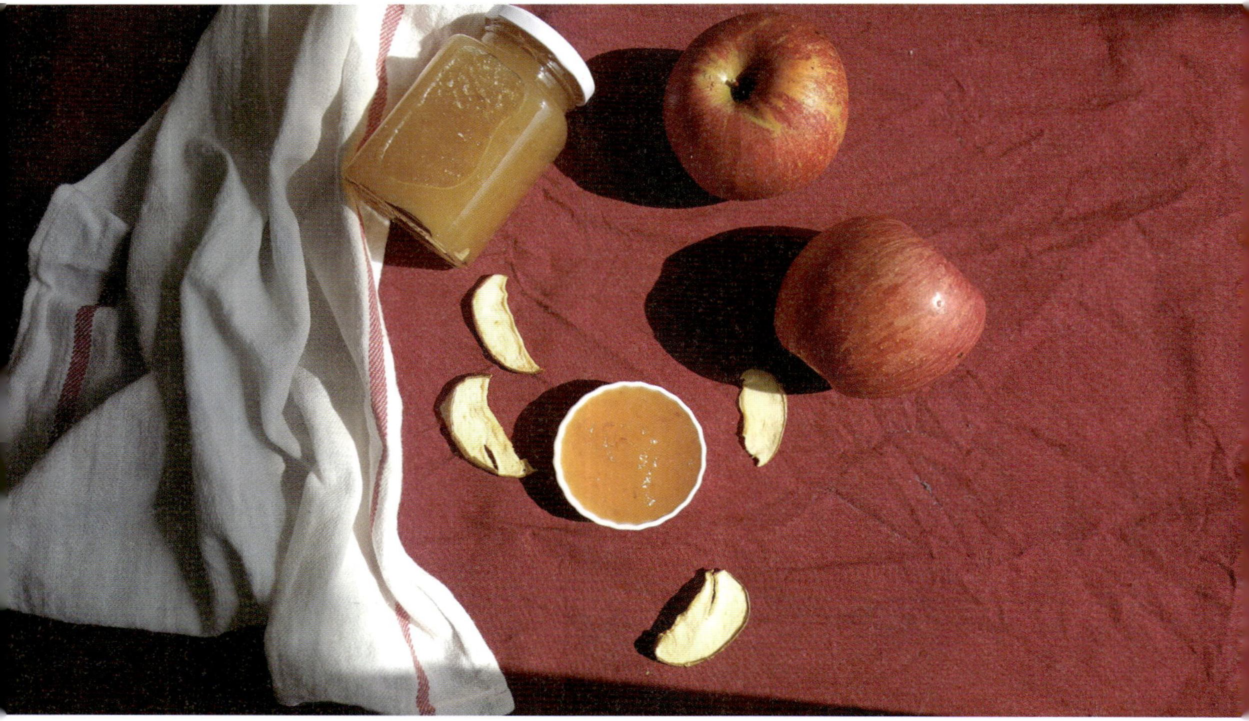

RECIPE

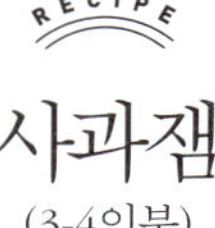

사과잼

(3-4인분)

사과 300g, 올리고당 300g, 펙틴 3g, 레몬즙 6g

1 사과와 올리고당을 블렌더로 간 뒤 냄비에 붓고 중불로 끓여요.

2 끓으면 펙틴을 체로 내려 잘 섞고 레몬즙을 넣고 저어요.

3 거품을 걷어가며 거품이 커질 때까지 20분 정도 더 저으며 졸여요.

4 깨끗이 소독한 병에 담고 뜨거운 상태로 뚜껑을 닫고 1시간 엎어두었다가 냉장 보관해요.

Cooking Tip

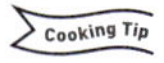

취향에 따라 시나몬가루 1t를 넣어도 맛나요.

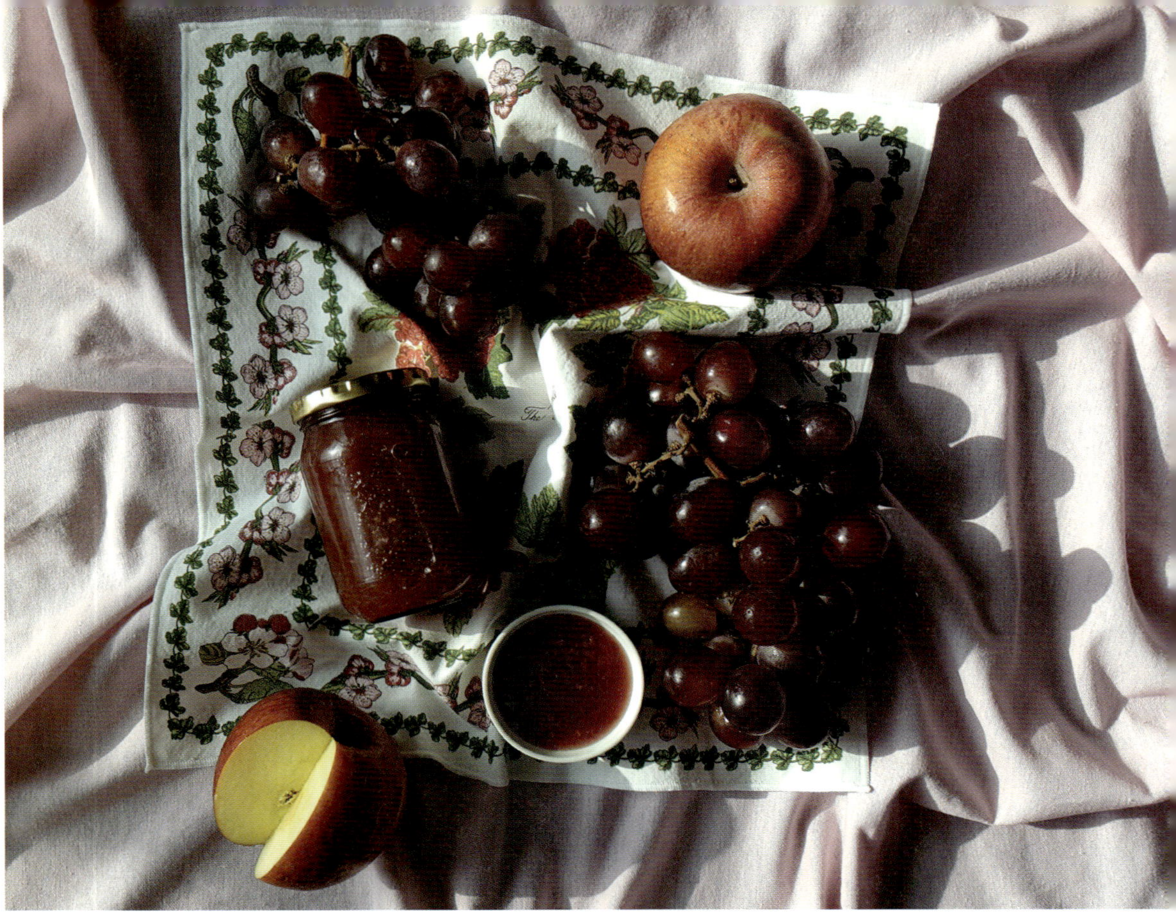

RECIPE

사과포도잼

사과잼(p.183) 레시피에서 사과를 사과1 : 포도1 비율로 넣어 사과포도잼으로 만들어보세요.
포도를 담뿍 선물 받았던 날 만들어봤더니 정말 맛있었답니다.

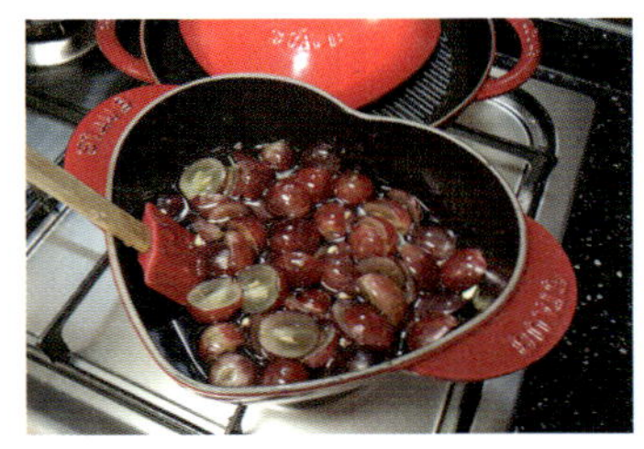

로얄밀크티
(1-2인분)

홍차 티백 2개, 우유 200g, 물 70g, 올리고당 1T

×

냄비에 물과 홍차 티백을 넣고 가열하다 끓으면 우유와 올리고당을 넣고,
냄비 가장자리에 거품이 보글보글 올라오면 불을 꺼요.

Baguette&Potato Omelette
Spinach&Straw
Meatloaf
Mixed Grain Cookies
Spinach

바게트감자오믈렛

시금치페스토바게트

미트로프

시금치딸기샐러드

상그리아

바게트를 든든하게 즐기고 싶을 때는 계란과 감자를 더하면 한 끼 식사로 훌륭해요. 시금치는 식감과 색감이 좋아 샐러드로 제가 선호하는 식재료랍니다. 딸기, 사과, 토마토, 아몬드 어떤 재료를 넣어도 잘 어울리는 마법 같은 채소예요. 오븐에 구운 건강한 독일식 햄 요리인 미트로프는 스테이크처럼 먹거나 얇게 썰어 샌드위치나 샐러드와 함께 즐기기 좋아요. 상큼한 상그리아로 분위기 좋은 식탁을 연출해보세요.

RECIPE

바게트감자오믈렛

(1인분)

먹기 좋게 자른 바게트 100g, 얇게 썬 감자 150g, 우유 200g, 달걀 3개, 피자용 모차렐라치즈 50g,
건조 허브 1T, 소금 · 후춧가루 약간씩

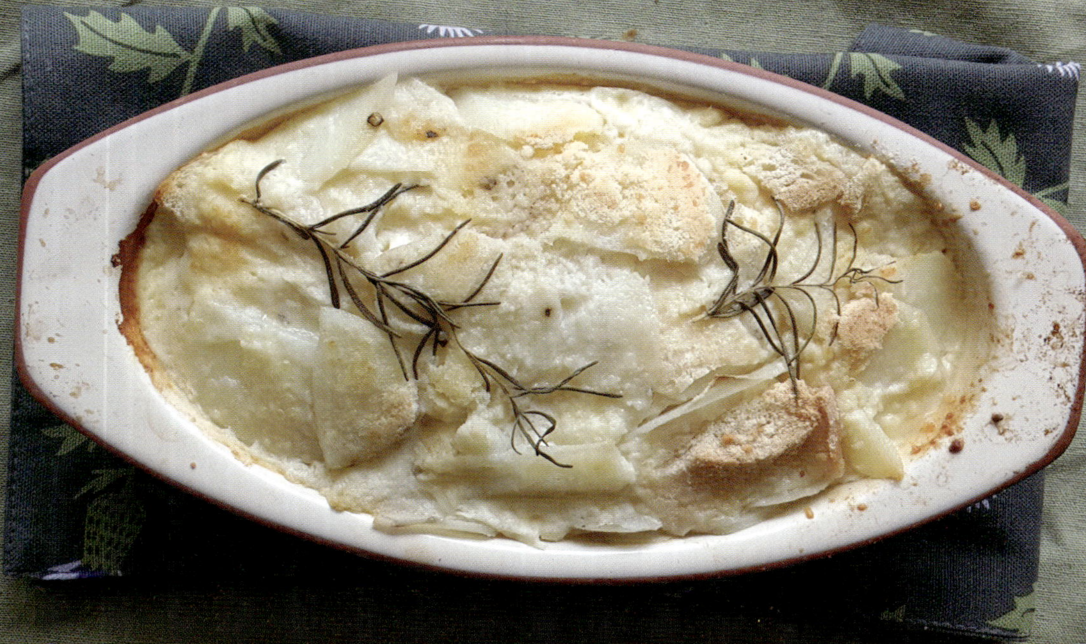

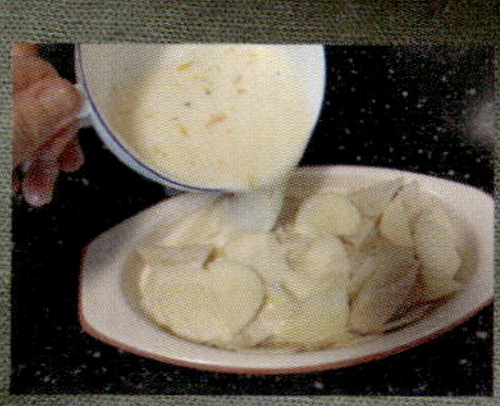

1 볼에 우유, 달걀, 소금, 후춧가루를 섞어요.

2 용기에 감자와 바게트를 고루 얹고 1을 부어요.

3 2 위에 치즈와 허브를 얹고 포일에 싸서 220℃로 예열한 오븐에 30분 정도 구워요.

RECIPE
시금치페스토바게트
(3-4인분)
x
먹기 좋게 자른 시금치 잎 75g, 올리브유 90g, 파르메산치즈가루 40g, 다진 마늘 1T, 소금 약간
블렌더에 모든 재료를 넣고 곱게 갈아요.

미트로프

(4인분)

×

다진 소고기 250g, 다진 돼지고기 250g, 다진 양파 100g, 레드와인 2T, 건조 허브 2t, 빵가루 60g, 우유 100g, 달걀 1개,
소금 · 후춧가루 약간씩 (* 우유와 달걀든 실온에 미리 꺼내두세요.)
소스 : 토마토케첩 6T, 머스터드소스 2T, 꿀 2T, 레드와인 1T

1   볼에 다진 소고기, 다진 돼지고기, 다진 양파, 와인, 허브, 소금 · 후춧가루를 넣고 잘 치댄 뒤
    빵가루, 우유, 계란을 넣고 조금 더 치대요. 소스 재료는 잘 섞어둬요.

2   오븐 용기에 **1**을 눌러 담고 윗부분에 소스를 고르게 부어요. 180℃로 예열한 오븐에서 1시간
    정도 구워요. 겉 표면의 색이 진하다 싶으면 종이 포일로 덮어요.

3   식힌 뒤 먹기 좋게 잘라서 내요.

Cooking Tip   적당히 잘라 빵 안에 넣어 햄버거 패티처럼 먹어도 좋아요.

시금치딸기샐러드 (1-2인분)

먹기 좋게 자른 시금치 100g, 1/4 등분한 딸기 100g(또는 무화과나 계절 과일), 얇게 썬 양파 50g, 견과 약간(선택)
드레싱(올리브유 1T, 발사믹식초 1/2T, 소금 · 후춧가루 약간씩)

1   드레싱은 잘 섞고, 접시에 시금치와 딸기를 놓고 드레싱에 버무린 견과를 올려요.

2   옥수수, 양파에 소금 · 후춧가루로 간을 해둬요.

3   먹기 직전에 2와 시금치를 드레싱으로 가볍게 버무려요.

RECIPE

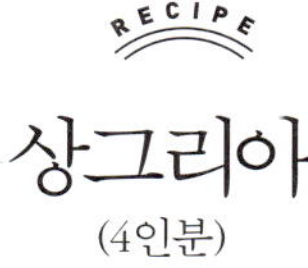

상그리아

(4인분)

×

오렌지 5개(약 900g), 레몬 100g, 와인 1병

용기에 와인을 붓고 오렌지 4개 분량의 즙을 짜서 넣어요. 남은 오렌지 1개와 레몬을 얇게 슬라이스하고 와인에 넣고 하룻밤 정도 냉장 보관해요.

Cooking Tip 오렌지 즙을 짜기 번거로울 때는 시판 100% 오렌지주스 500g 정도를 넣어주세요. 레몬 씨는 꼭 빼주세요.

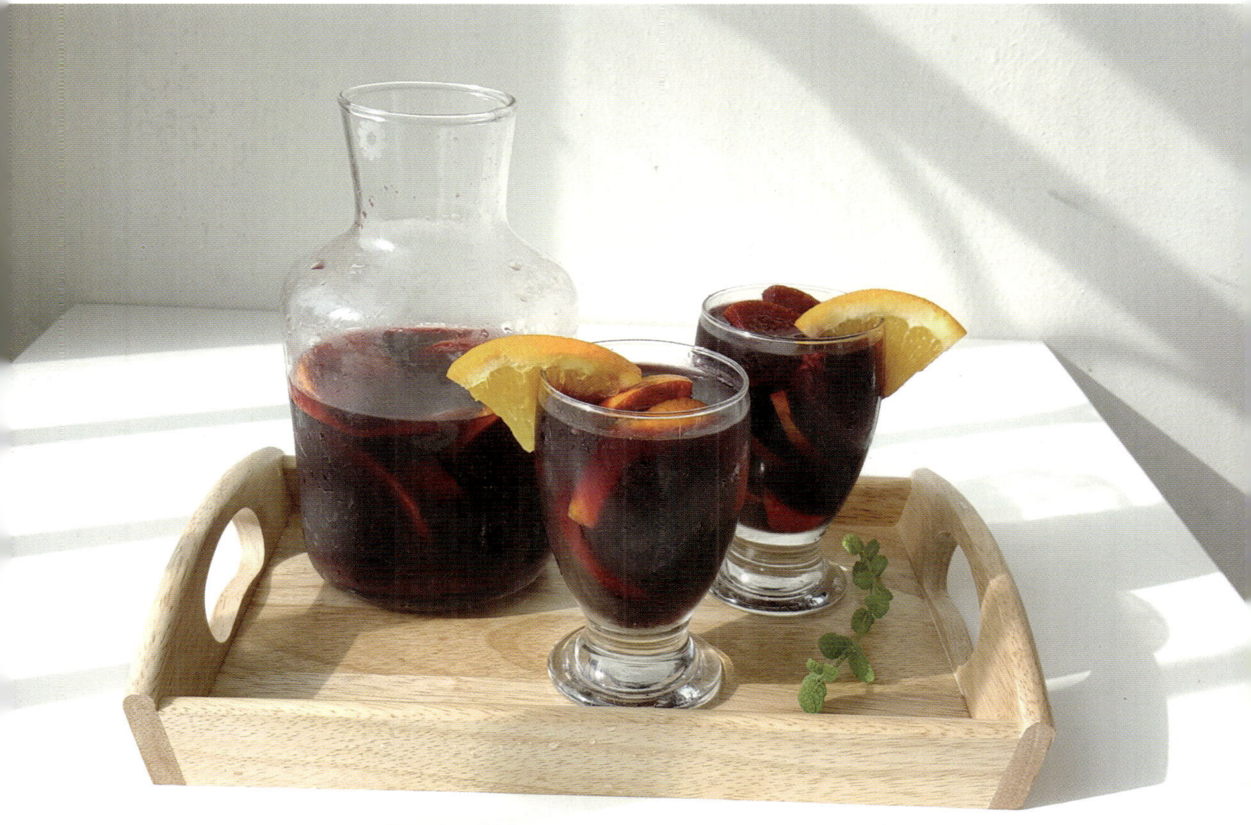

Cucumber Carrot Salad
Eggocado
Spinach&Shrimp Bruschetta

시금치새우브루스게타

에고카도

오이당근샐러드

시금치의 향긋함과 새우의 싱싱함이 잘 어우러진 메뉴랍니다. 빵 위의 새우 모습에 입과 눈이 즐겁지요. 달걀(egg)과 아보카도(avocado)를 합친 에고카도(eggocado)는 아보카도 위에 맛있는 달걀을 올려 따뜻하게 먹는 메뉴로 매력적이에요. 상큼한 오이당근샐러드를 곁들여 즐거운 식사를 하세요.

시금치새우브루스게타
(1-2인분)

썬 바게트 200g, 새우(또는 냉동 칵테일새우) 150g, 시금치페스토(p.000 참조) 2T, 크림치즈 80g, 소금 · 후춧가루 약간씩

끓는 물에 새우를 넣어 삶아 건져내 물기를 빼고 시금치페스토에 새우를 넣고 버무려요.
바게트에 크림치즈를 바른 뒤 페스토와 새우를 올리고 소금 · 후춧가루를 쳐서 내요.

Cooking Tip 허머스토마토브루스게타 만들기
자른 바게트 위에 허머스(p.135 참조)를 바르고 자른 방울토마토를 올려요.

에고카도
(2인분)

씨를 파내 반으로 가른 아보카도 2쪽, 달걀 2개, 모차렐라치즈 · 잘게 자른 토마토 약간씩, 소금 · 후춧가루 약간씩

아보카도 한쪽에 달걀을 하나씩 깨서 올린 다음 모차렐라치즈와 잘게 자른 토마토를 올리고

소금 · 후춧가루를 뿌려 중불로 달군 팬에 달걀이 익고 치즈가 녹을 때까지 익혀요.

Cooking Tip 180℃로 예열한 오븐에서 10분 정도 구워도 좋아요.

RECIPE

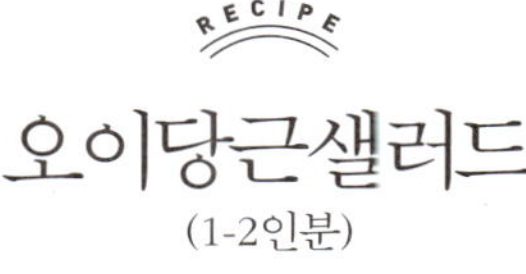

오이당근샐러드

(1-2인분)

×

오이 300g, 당근 100g, 양파 30g, 식초 50g, 꿀 1T, 포도씨유 1T, 소금 약간

볼에 드레싱 재료를 섞어두고 3cm 정도 길게 썬 채소와 버무려 30분 정도 냉장 보관해요.

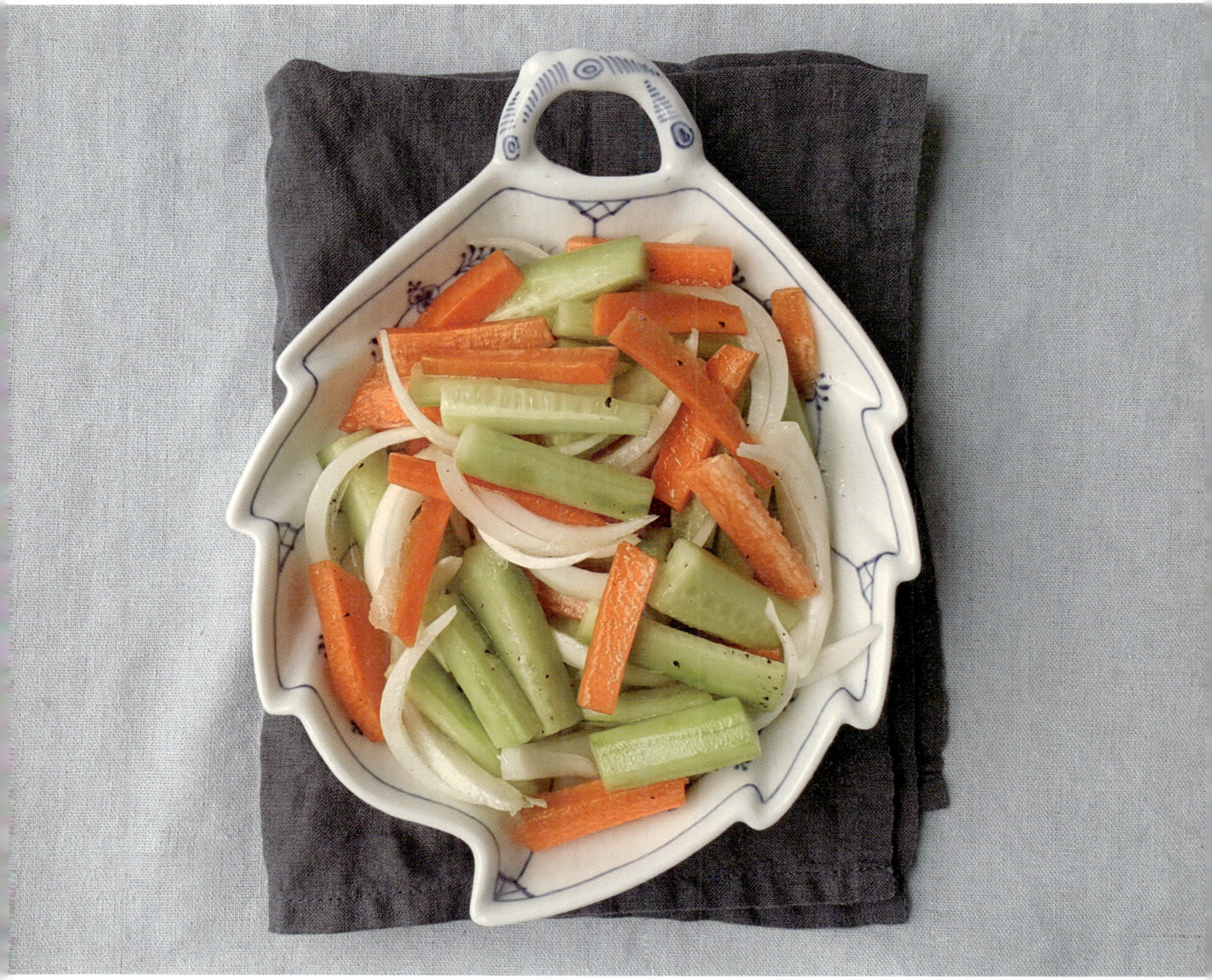

Baguette&Chick Pea Dip
Egg in Hell(&Tomato Sauce)
Pot Au Feu
Baked Paprika&Baguette

파프리카바게트구이

코브샐러드

바게트병아리콩딥

포토프

에그인헬(토마토소스)

파프리카는 자르면 속이 비워져 있어 그릇으로도 사용할 수 있어 다양하게 활용되지요. 파프리카를 구우면 말랑하고 풍미가 좋아져서 한 번에 많이 먹을 수 있는 장점이 있어요. 여기서는 파프리카 속에 두부를 넣었지만 밥이나 빵을 넣어 다양하게 시도해보세요. 코브샐러드는 색도 예쁘고 푸짐하고 맛도 좋아서 제가 제일 좋아하는 샐러드랍니다. 달걀프라이의 화려한 변신인 에그인헬도 즐겨보세요. 포토프(pot au feu, 포도푀라고도 표기해요)는 프랑스 가정식 요리인데, 직역하면 불에 올린 냄비라는 뜻이에요. 고기나 소시지와 채소 등의 재료를 넣고 끓이기만 하면 되기에 평상시 가족이 둘러앉아 먹기 좋답니다.

파프리카바게트구이
(1-2인분)

×

파프리카(색상별) 2개, 잘게 썬 바게트 100g, 달걀 2개, 모차렐라치즈 50g, 소금 · 후
춧가루 약간씩

1   파프리카 꼭지 부분을 칼로 잘라내고 속을 파내요.

2   속을 파낸 파프리카 안에 다진 바게트를 넣은 후 달걀을 깨서 넣고
    소금 · 후춧가루를 뿌려요.

3   **2**에 치즈를 얹고 220℃로 예열한 오븐에서 20분 정도 파프리카 속
    계란이 완전히 익을 정도로 구워요.

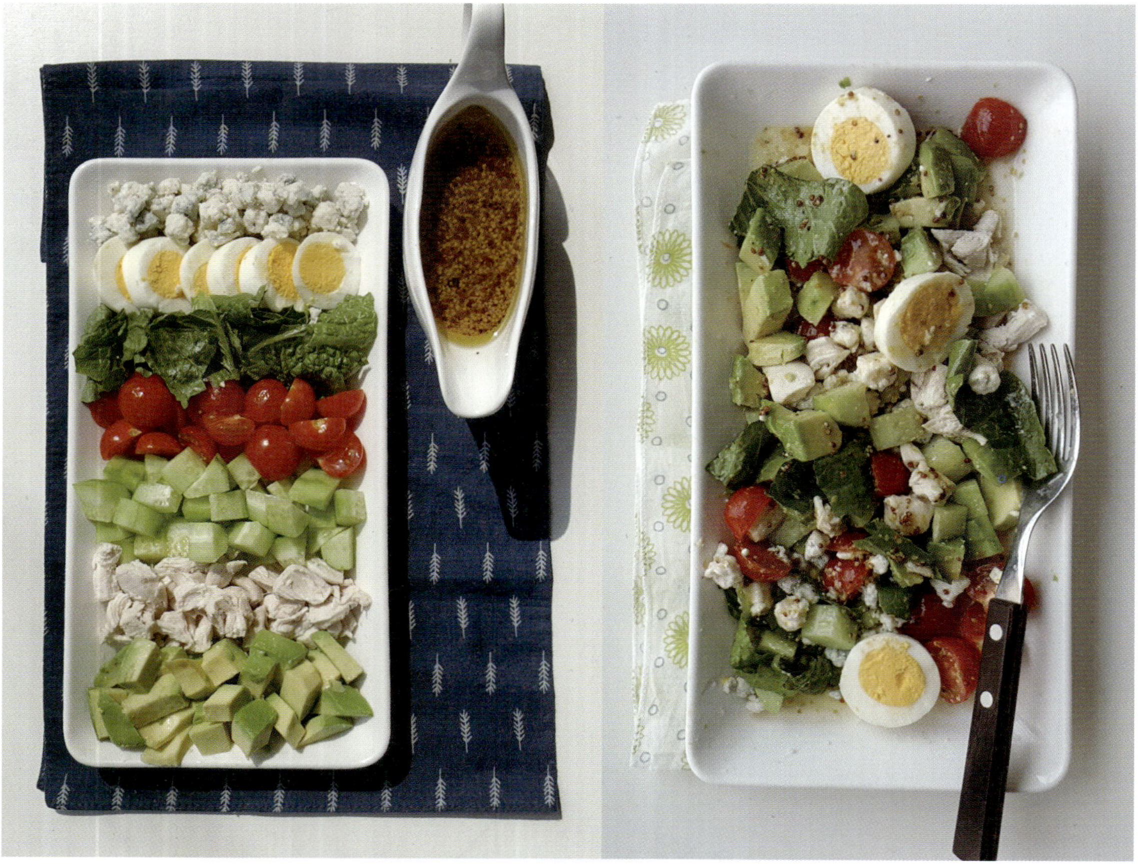

RECIPE

코브샐러드 (1-2인분)

×

아보카도 150g, 닭가슴살 150g, 오이 150g, 방울토마토 150g, 상추 50g,
얇게 썬 삶은 달걀 3개, 드레싱(올리브유 4T, 식초 4T, 디종머스터드 1.5T), 블루치즈 약간(없으면 생략)

1 볼에 드레싱 재료를 섞어둬요.
2 블루치즈를 제외한 모든 재료를 비슷한 크기로 썰고 상추는 먹기 좋게 뜯어요.
3 1과 2를 버무리고 블루치즈를 뿌려요.

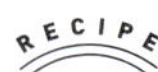

Cooking Tip 달걀은 메추리알로, 블루치즈는 페타치즈로 대체 가능해요.

바게트병아리콩딥
(3-4인분)

×

하룻밤 불린 뒤 삶은 병아리콩 170g, 물 100g, 다진 양파 60g, 잘게 자른 바게트 50g, 레몬즙 1t,
소금 약간, 장식용 건조 허브 1t(선택)

허브를 뺀 모든 재료를 블렌더에 넣고 간 뒤 마지막에 허브를 뿌려주세요.

빵에 발라 먹거나 샐러리, 당근 같은 채소에 찍어 먹어요.

Cooking Tip 바쁠 땐 병아리콩 통조림을 쓰면 불리거나 삶을 필요기 없어 편하답니다. 단, 물기를 잘 빼주세요.

포토프

(3-4인분)

칼집 낸 소시지와 칼집 낸 삼겹살 400g, 얇게 썬 감자 150g, 얇게 썬 양파 150g, 얇게 썬 당근 50g,
먹기 좋게 썬 셀러리 · 양배추 50g씩, 소금 · 후춧가루 약간씩

1   소시지와 돼지고기에 소금 · 후춧가루로 간을 해 랩으로 싸서 1시간 냉장 보관해요.

2   냄비에 양파, 셀러리, 고기를 넣고 물을 자작하게 부어 중불로 끓여요.

3   끓으면 거품을 걷으며 약불로 줄여 40분 정도 졸여요.

4   3에 당근, 감자, 양배추를 넣고 약불에서 30분 더 끓여 고기를 모두 익혀요.

소시지와 돼지고기는 소고기로 다 체해도 맛있어요.

다진 소고기 100g, 달걀 2개, 얇게 썬 양송이버섯 30g, 얇게 썬 애호박 30g, 토마토소스 400g, 허브류 1t(선택), 올리브오일 약간

중불로 달군 팬에 올리브오일을 두르고 다진 소고기, 양송이버섯, 애호박을 볶다 토마토소스를 넣고 그 위에 달걀을 깨뜨려 올린 다음 약불로 줄여 달걀이 반숙이 되도록 익힌 다음 허브를 뿌려요. 구운 바게트에 찍어 먹어요.

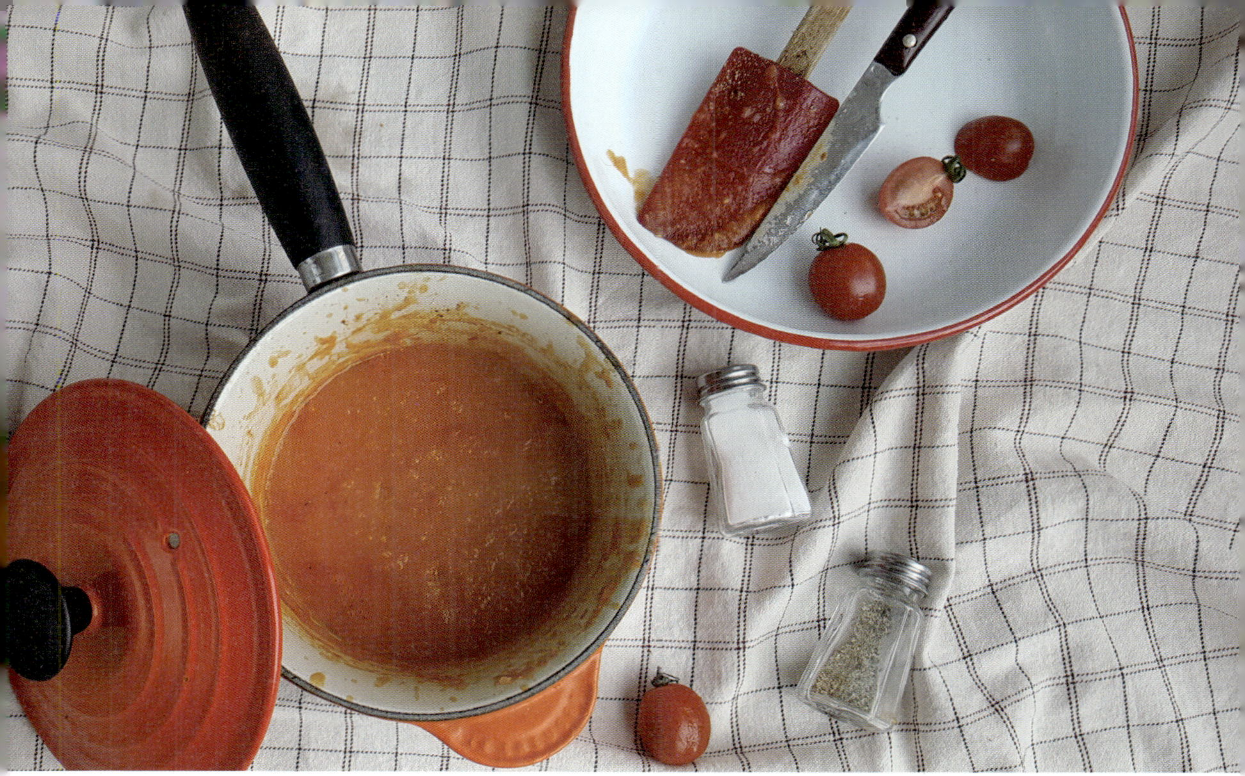

RECIPE

토마토소스 (1-2인분)

×

반으로 자른 방울토마토 360g, 다진 양파 40g, 포도씨유 1T, 다진 마늘 1t, 소금 · 후춧가루 약간씩

다양하게 활용되는 토마토소스는 넉넉하게 만들어두면 매우 유용해요. 냉장고에서 1주, 냉동실에서는 2주 정도 보관 가능합니다.

1 중불로 달군 팬에 포도씨유를 두르고 다진 마늘을 볶아 향을 내요.

2 1에 양파를 넣고 투명하게 볶다가 토마토를 넣고 저으며 졸여요.

3 불을 끄고 블렌더로 간 뒤 중불로 줄여 5분 정도 졸이다 소금 · 후춧가루로 간해요.

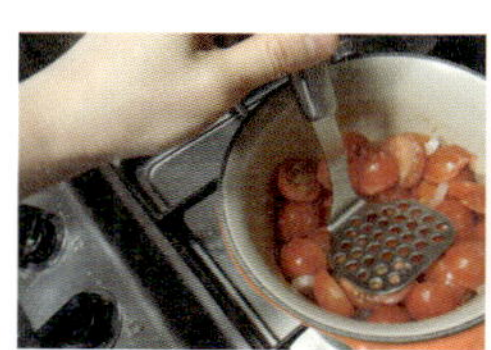

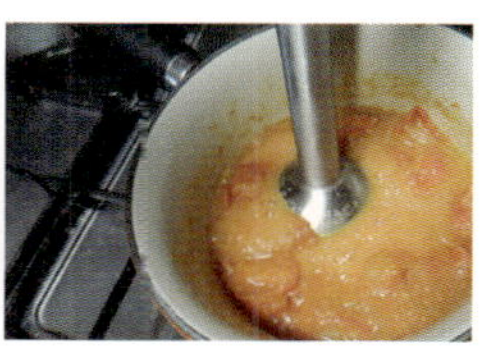

Garlic Baguette
Salmon Salad
Tomato Potato Soup
Mac and Cheese Omelette
Baguette

마늘바게트

바게트그라탕

연어샐러드

맥앤치즈오믈렛

토마토감자수프
(토마토수프)

마늘바게트는 아이들 식사나 간식으로, 가끔 남편과 함께 하는 맥주 안주로 잘 먹는 메뉴지요. 바게트를 그라탕으로 도 즐겨보세요. 짭조름하고 맛난 토마토수프와 잘 어울려 요. 오믈렛과 연어샐러드로 식탁이 더 풍성해졌어요.

마늘바게트
(1-2인분)

바게트 200g, 다진 마늘 3T, 포도씨유 1T, 올리고당 1T,
파슬리가루 1t, 소금 · 후춧가루 약간씩

볼에 다진 마늘, 포도씨유, 올리고당을 섞어 바게트에 발라요.

파슬리가루, 소금, 후춧가루를 뿌리고 200℃로 예열한 오븐에서 15분 정도 노릇하게 구워요.

바게트그라탕
(1-2인분)

잘게 자른 바게트 300g, 우유 100g, 생크림 100g, 달걀 2개 피자용 모차렐라치즈 50g, 소금 · 후춧가루 약간씩

1   볼에 우유, 생크림, 달걀, 소금 · 후춧가루를 섞고 먹기 좋게 자른 바게트를 담아놓은

    내열 용기에 골고루 부어요.

2   1 위에 모차렐라치즈를 올리고 200℃로 예열한 오븐에서 20분 정도 구워요.

    윗면의 색이 진하다 싶으면 종이 포일로 덮어주세요.

Cooking Tip 익힌 햄이나 채소들을 굽기 직전에 올려도 좋아요.

연어샐러드
(1-2인분)

연어 150g, 삶은 달걀 2개, 다진 파프리카 150g, 얇게 썬 오이 150g, 얇게 썬 양파 50g, 포도씨유 · 소금 · 후춧가루 약간씩, 드레싱(마요네즈 3T, 레몬즙 1T, 소금 · 후춧가루 약간씩)

1   연어는 소금 · 후춧가루를 뿌려 밑간하고 포도씨유를 두른 팬에 앞뒤로 노릇하게 구운 뒤 대충 으깨요.

2   볼에 드레싱을 섞어 으깬 연어와 채소를 넣고 버무려요(연어살 가운데 검은 부분은 제거하세요).

3   접시에 샐러드를 담고 얇게 썬 달걀을 올려 내요.

Cooking Tip   연어 대신 참치를 넣어도 맛있어요.

맥앤치즈오믈렛 (2인분)

×

달걀 3개, 슬라이스치즈 1장, 우유 50g, 포도씨유 1T, 소금 · 후춧가루 약간씩

필링: 마카로니 40g, 밀가루 2T, 우유 100g, 슬라이스체다치즈 2장, 포도씨유 1T, 소금 · 후춧가루 약간씩

필링 만들기

1   중불로 끓는 물에 마카로니를 넣고 8분 정도 삶은 뒤 건져 물기를 빼둬요.

2   중불로 달군 팬에 포도씨유와 통밀가루를 볶다가 우유를 넣고 섞어요.

3   2에 마카로니를 넣고 잘 섞은 뒤 치즈를 넣고 저으며 소금 · 후춧가루로 간해요.

오믈렛 만들기

1   볼에 달걀과 우유를 풀고 중불로 달군 팬에 포도씨유를 두르고 달걀물을 부어요.

2   가장자리가 노릇해지고 반쯤 익었다 싶으면 한쪽으로 마카로니를 올려요.

3   적당히 양쪽을 접어 익힌 뒤 뒤집어 잘 익혀요.

토마토 600g, 찐 감자 350g, 채소 국물 400g(p.379 참조), 올리브유 1T, 다진 마늘 1T, 소금·후춧가루 약간씩

1   토마토는 반으로 자르고 중불로 달군 팬에 올리브유를 두르고 다진 마늘을 볶아요.

2   1에 토마토를 넣고 뭉개며 졸이다 불을 끄고 블렌더로 갈아요.

3   다시 가열해서 국물이 반으로 될 때까지 졸여요.

4   3에 채소 국물과 먹기 좋게 썬 감자와 소금·후춧가루를 넣고 뭉근하게 끓여요.

토마토수프
(3-4인분)

토마토수프는 토마토감자수프 만들기 과정에서 감자를 빼고 모든 과정이 동일합니다.

마지막에 내열 그릇에 담은 토마토수프에 바게트를 얹고 모차렐라치즈를 올려

200℃로 예열한 오븐에서 10분 정도 구워요.

네 번째,
와플&스콘이 있는 식탁
Waffle &
Scone

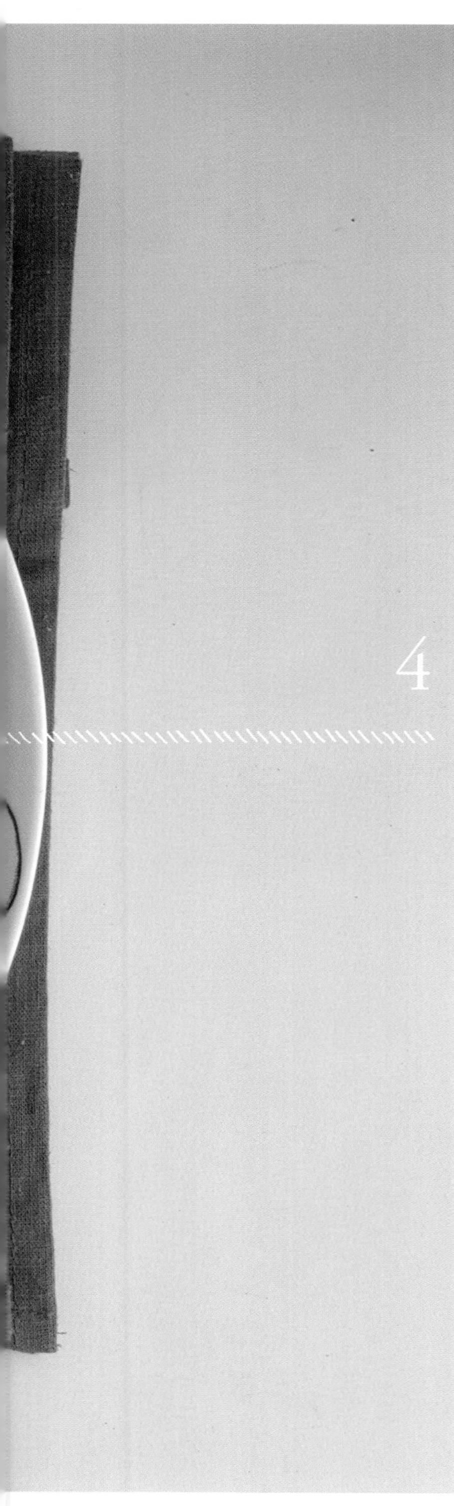

바삭하고 부드러운 식감의 와플을 한 입 베어 물면 부드럽고 기분 좋은 맛에 빠질 수밖에 없지요. 와플은 전용 팬이 필요해서 부담스러우신가요? 하지만 한번 구입하면 매우 유용하답니다. 와플을 구워먹을 때 말고라도 식빵을 구울 때 토스터 대신 와플 팬에 눌러 구우면 예쁜 와플 모양이 나오죠. 달걀프라이도 와플 팬에 하면 격자무늬가 생겨 식탁에 재미를 더해줄 거예요. 와플에 생크림을 올려 드시기만 하셨다면 제가 소개해드리는 다양한 레시피로 즐겨보세요. 와플은 구운 뒤 식혀 밀봉해 냉동실에서 2주 정도 보관 가능해요. 드실 땐 실온에서 1시간 정도 자연 해동 후 토스터기에 살짝 데우면 맛있어요.

기본 와플 만들기

(4인분, 17cm 와플 4장)

×

통밀가루(또는 중력분) 225g, 베이킹파우더 2t, 소금 0.5t, 체온 정도로 따스하게 데운 우유 370g, 올리고당 2T, 달걀 1개, 바닐라에센스 0.5t, 포도씨유 약간

1   볼A : 통밀가루, 베이킹파우더, 소금을 넣고 거품기로 섞어요.

2   볼B : 우유, 올리고당, 달걀, 바닐라에센스를 거품기로 섞어요.

3   볼A와 블B를 섞어 날가루가 보이지 않을 때까지 핸드믹서나 거품기로 잘 섞어요.

4   중불로 달군 와플 팬에 포도씨유를 요리용 붓으로 고루 바르고 3의 반죽을 부은 뒤 양면을 노릇하게 고루 익혀요.

Cooking Tip 와플 판은 올록볼록한 면이 있어 들러붙을 수 있으니 요리용 붓으로 기름칠을 꼼꼼하게 해주세요. 와플을 좀 더 바삭하게 만들려면 밀가루 양의 1/3 정도를 전분으로 대체하는 것도 좋아요. 밀가루 255g을, 밀가루 175g, 전분 50g의 비중으로 써보세요.
그리고 와플과 잘 어울릴 만한 크림 하나 추천드려요. 땅콩버터 30g, 리코타치즈 460g, 꿀이나 올리고당 10g을 섞어 와플에 올려 맛있게 즐길 수 있어요.

Spinach Soup
Grapefruit Salad
Mixed Fruit Punch
Cheese Waffles

치즈와플

시금치수프

자몽샐러드

생과일젤리

와플하면 달콤한 와틀이 떠오르지만 짭짤한 와플의 매력도 멋지답니다. 인상 깊은 초록색의 시금치수프는 빡빡한 타입이라 수프라기보다는 빵을 찍어 먹는 딥(dip) 같은 느낌이라 바삭하거나 짭짤한 빵과 잘 어울려요. 쌉싸름하게 입맛을 돋우는 자몽샐러드와 싱그러운 생과일젤리로 즐거운 식탁을 꾸며보세요.

치즈와플
(4인분)

통밀가루(또는 중력분) 210g, 파르메산치즈가루 15g, 베이킹파우더 2t, 소금 0.5t, 체온 정도로 따스하게 데운 우유 370g, 올리고당 2T, 달걀 1개, 바닐라에센스 · 포도씨유 약간

1   볼A : 통밀가루, 베이킹파우더, 소금을 넣고 거품기로 섞어요.

2   볼B : 우유, 올리고당, 달걀, 바닐라에센스를 섞어 볼A에 넣고 거품기로 가루가 보이지 않을 때까지 잘 섞어요.

3   중불로 달군 와플 팬에 포도씨유를 요리용 붓으로 고루 바르고 반죽을 부어 양면을 노릇하게 익혀요.

Cooking Tip   구운 베이컨을 와플 위에 곁들여도 좋아요.

시금치수프 (3-4인분)

손질한 시금치 300g, 우유 240g, 채소 국물 120g(p.379 참조), 올리브유 1T, 다진 마늘 1t, 소금 · 후춧가루 약간씩

중불로 달군 팬에 올리브유를 두르고 다진 마늘을 볶아 향을 내고 대충 자른 시금치를 넣고
살짝 볶아 숨을 죽여요. 채소 국물을 붓고 끓이다 채소가 잘 어우러지면 블렌더로 곱게 간 다음 우유를 넣어요.

자몽샐러드
(1-2인분)

껍질 깐 자몽 300g, 샐러드채소 100g, 드레싱(올리고당 1T, 요거트 1T, 마요네즈 1T)

자몽 1/2개의 즙을 내어 드레싱 재료를 모두 섞어요.
접시에 샐러드채소를 올리고 얇게 썬 자몽을 얹어 드레싱을 뿌려 내요.

Cooking Tip

사과, 오렌지, 딸기, 블루베리 같은 상큼한
과일을 더해도 잘 어울려요.

RECIPE

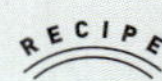

생과일젤리 (1-2인분)

×

먹기 좋게 자른 색깔별 생과일 300g, 생수 300g, 젤라틴 9g, 올리고당 2T

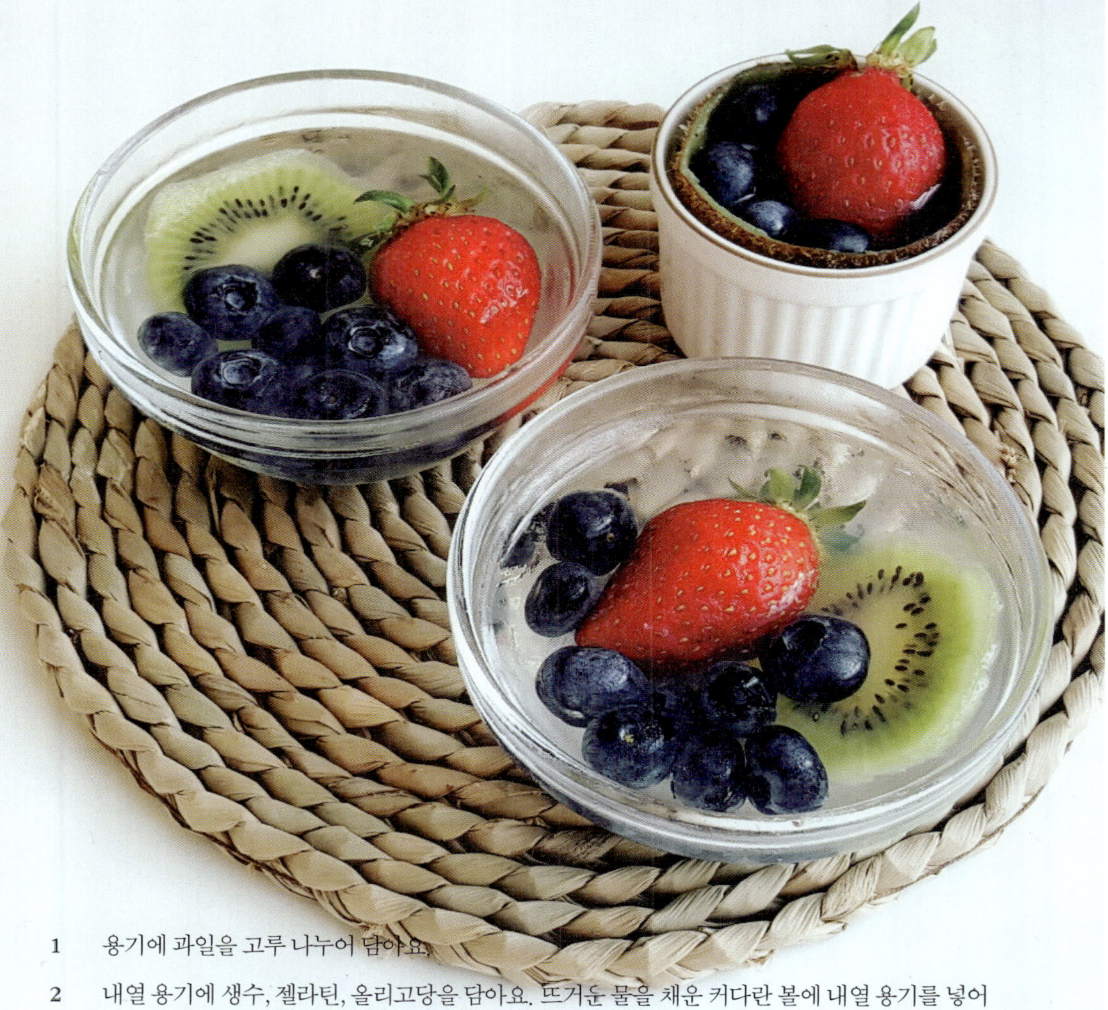

1 용기에 과일을 고루 나누어 담아요.

2 내열 용기에 생수, 젤라틴, 올리고당을 담아요. 뜨거운 물을 채운 커다란 볼에 내열 용기를 넣어 중탕으로 젤라틴을 완전히 녹여요.

3 **1**에 **2**를 붓고 2시간 이상 냉장 보관해서 굳혀요.

Cooking Tip 단맛을 좀 더 추가하고 싶다면 생수 대신 사과주스를 추천합니다(투명해서 과일이 잘 보여요).

Orange Smoothie
Greentea Waffles
Mango Jam

녹차와플

사과잼케이크

초코그래놀라요거트

망고잼

오렌지스무디

녹차의 초록 빛깔이 잘 어울리는 와플에 정성껏 만든 팥앙
금을 곁들인 건강한 맛. 요거트에는 초코그래놀라와 망고
잼을 더해 든든함을 주었지요. 향긋한 풍미의 사과케이크
와 함께 자연의 풍성함을 즐기는 식탁이랍니다.

녹차와플
(4인분)

통밀가루(또는 중력분) 210g, 녹차가루 15g, 베이킹파우더 2t, 소금 0.5t, 체온 정도로 따스하게 데운 우유 370g, 올리고당 2T, 달걀 1개, 바닐라에센스·포도씨유 약간씩, 팥앙금 적당량(p.097 참조)

1   볼A : 통밀가루, 녹차가루, 베이킹파우더, 소금을 거품기로 섞어요.

2   볼B : 우유, 올리고당, 달걀, 바닐라에센스를 거품기로 섞어요.

3   볼A에 볼B를 넣고 날가루가 보이지 않을 때까지 거품기로 잘 섞어요.

4   중불로 달군 와플 팬에 포도씨유를 요리용 붓으로 고르게 칠하고 반죽을 부어 양면을 노릇하게 구워요.
     구운 와플 위에 팥앙금을 올려요.

사과잼케이크
(3-4인분)

사과잼 3T, 통밀가루(또는 박력분) 140g, 아몬드가루 40g, 시나돈가루 1t, 베이킹파우더 6g, 실온에 꺼내둔 달걀 2개, 포도씨유 100g, 올리고당 100g, 레몬즙 1T, 장식용 사과 약간

1   볼A: 통밀가루, 아몬드가루, 시나몬가루, 베이킹파우더를 거품기로 섞어요.

2   볼B: 달걀, 포도씨유, 올리고당을 거품기로 섞은 뒤 **1**에 넣고 가루가 보이지 않도록 핸드믹서나 거품기로 잘 섞어요.

3   유산지를 깐 틀에 **2**의 반죽을 담고 반죽의 중간 부분에 스푼으로 잼을 올려요.

4   윗면에 사과를 가지런히 올리고 레몬즙을 발라요(갈변 방지).

5   170℃로 예열한 오븐에서 50분 정도 구워요(윗면의 색이 진하다 싶으면 유산지로 덮어요).

Cooking Tip   사과잼이 아닌 다른 잼으로 응용해도 좋아요. 집에 남는 잼이 있다면 빵 속에 넣어 같이 구우면 맛있답니다.

초코그래놀라요거트

(500ml)

×

오트밀+다진 견과 320g, 올리고당 140g, 누뗄라 3T, 카카오파우더 3T, 포도씨유 4T, 바닐라에센스 · 소금 약간

1   볼에 올리고당, 누뗄라, 카카오파우더, 포도씨유, 바닐라에센스, 소금을 넣고 거품기로 고루 섞어요.

2   **1**의 볼에 오트밀과 다진 견과를 넣어 잘 버무려요.

3   내열 용기에 **2**를 고르게 담아 160℃로 예열한 오븐에 1시간 정도 구워요. 15분마다 꺼내 2~3번 정도 뒤적여요.

4   완전히 식혀 밀봉해서 보관해요.

5   요거트 위에 올려서 내요.

Cooking Tip   오트밀은 기름을 두르지 않은 팬이나 예열한 160℃ 오븐에서 10분 정도 구우면 더 고소하고 맛있어요.

망고잼
(3-4인분)

냉동망고 400g, 올리고당 120g, 레몬즙 1T

냄비에 망고와 올리고당 60g을 넣고

중불에서 과육을 으깨면서 끓이다 잠시 불을 끄고

블렌더로 곱게 갈아요. 여기에 남은 올리고당과 레몬즙을 넣고

약불에서 5-10분 정도 저으며 걸쭉하게 졸여요.

* 냉동망고는 가격대가 괜찮아서 쨈으로 만들기 좋아요..

RECIPE

오렌지스무디

(1-2인분)

×

플레인요거트 200g, 오렌지즙 200g, 얇게 썬 바나나 200g, 소금 약간

믹서에 모두 넣고 갈아요. 오렌지즙 대신 시판 오렌지주스를 사용해도 좋아요.

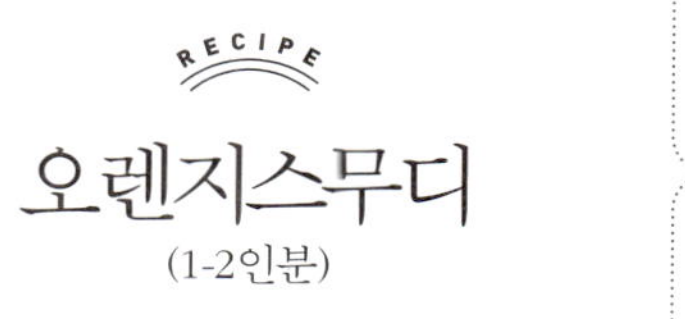

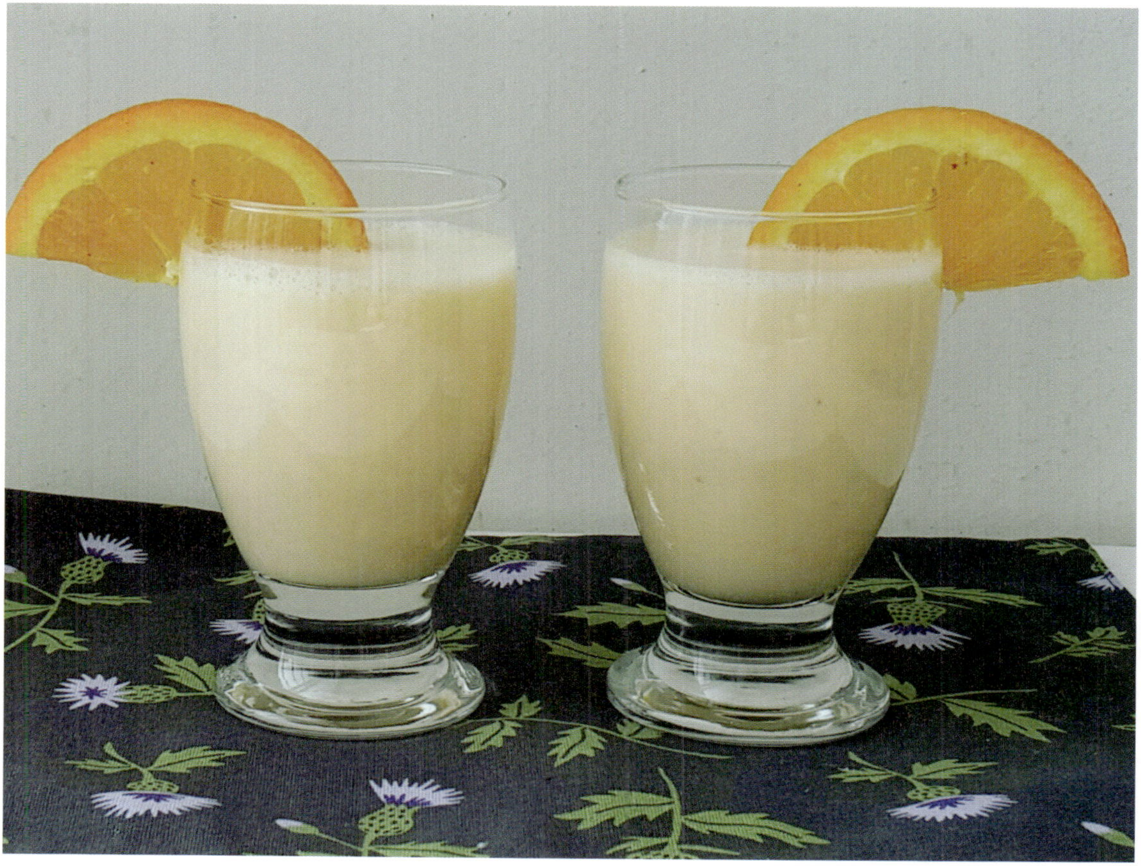

Grapefruit Tea
Chocolate Waffles
Baked Sweet

초콜릿와플

고구마시나몬구이

통밀비스킷

자몽차(드라이드자몽)

느끼한 음식을 좋아하지 않는 저는 평소에는 휘핑크림을 즐기지 않지만 초콜릿와플과 함께 달콤함을 맛보고 싶은 때가 종종 있습니다. 초콜릿와플과 하얀 휘핑크림의 조합은 정말 환상적이죠. 휘핑크림을 가정에서 쉽게 먹으려면 펌핑용 휘핑크림을 한 병 사두면 요긴하답니다. 커피에 곁들여도 좋고 약간 무른 딸기나 키위와도 잘 어울려 달콤함이 그리울 때 살짝 즐겨보세요.

초콜릿와플
(4인분)

통밀가루(또는 중력분) 210g, 코코아가루 15g, 베이킹파우더 2t, 소금 0.5t, 체온 정도로 데운 우유 370g,
올리고당 4T, 달걀 1개, 바닐라에센스 · 포도씨유 약간, 초코칩 50g

1   볼A : 통밀가루, 코코아가루, 베이킹파우더, 소금을 거품기로 잘 섞어요.

2   볼B : 우유, 올리고당, 달걀, 바닐라에센스를 넣고 거품기로 잘 섞어요.

3   볼A에 볼B를 넣어 날가루가 보이지 않을 때까지 핸드믹서나 거품기로 섞고 초코칩을 넣어
    잘 섞어요.

4   중불로 데운 와플 팬에 포도씨유를 요리 붓으로 고루 칠하고 3의 반죽을 붓고 양면을 익혀요.

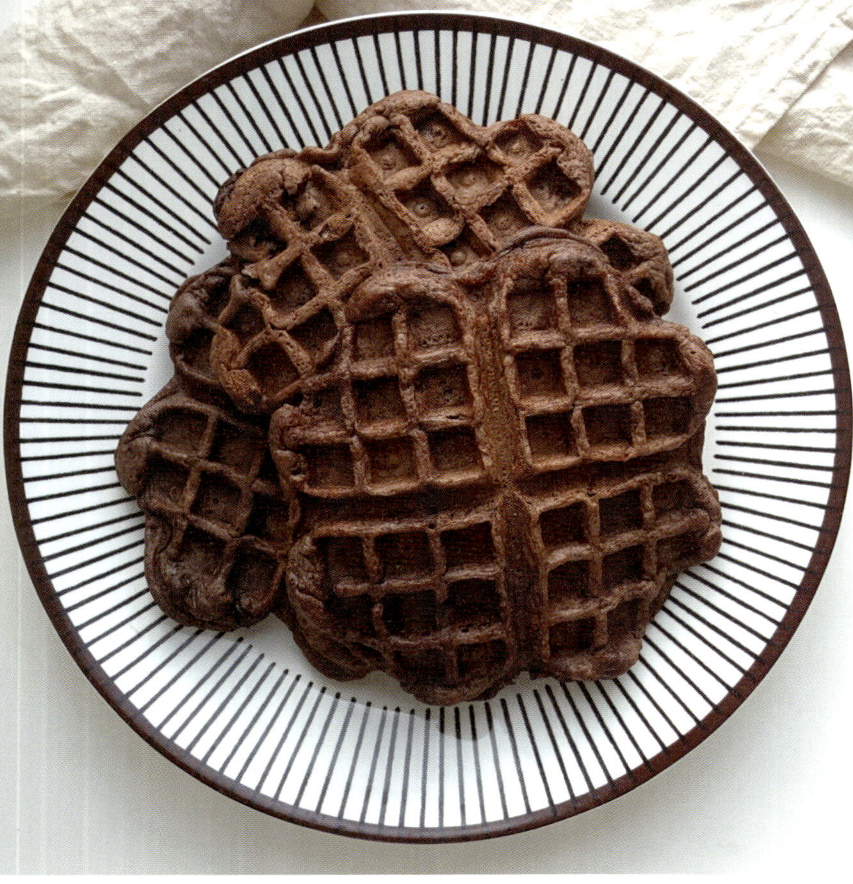

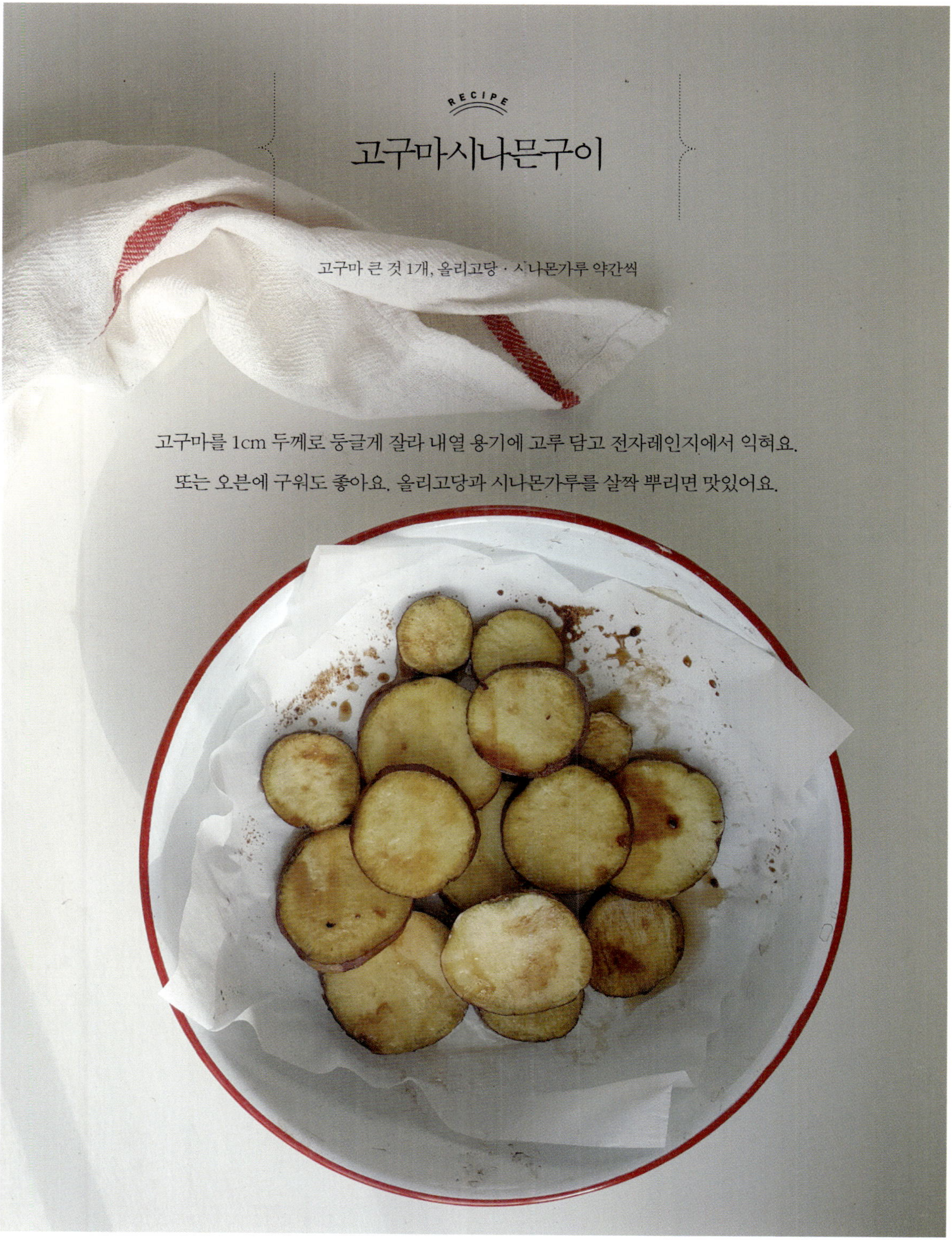

RECIPE

고구마시나몬구이

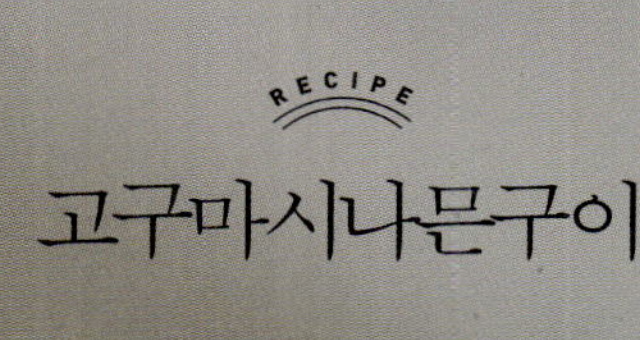

고구마 큰 것 1개, 올리고당 · 시나몬가루 약간씩

고구마를 1cm 두께로 둥글게 잘라 내열 용기에 고루 담고 전자레인지에서 익혀요.
또는 오븐에 구워도 좋아요. 올리고당과 시나몬가루를 살짝 뿌리면 맛있어요.

통밀비스킷
(3-4인분)

통밀가루(또는 중력분) 180g, 아몬드가루 40g, 전분 20g, 베이킹파우더 1t, 소금 약간, 올리고당 100g, 포도씨유 50g, 반죽이 너무 퍽퍽할 경우 추가할 물 약간

1 　볼A : 통밀가루, 아몬드가루, 전분, 베이킹파우더를 거품기로 섞어요.

2 　볼B : 올리고당, 포도씨유, 소금을 넣고 거품기로 섞어요.

3 　볼A와 볼B를 섞어 반죽을 만든 뒤 전용 용기에 윗면이 고르게 담고
　먹기 좋은 크기로 구분선을 내줘요.

4 　160℃로 예열한 오븐에서 20분 정도 구워요.

자몽차(&드라이드자몽)
(3-4인분)

자몽청 100g(p.151 참조)

자몽청을 컵에 담고 뜨거운 물을 부어요. 드라이드자몽슬라이스를 올려 장식하면 맛도 비주얼도 더 좋아요.

Cooking Tip 드라이드자몽 만들기

자몽을 껍질째 베이킹소다와 굵은 소금으로 깨끗이 씻은 뒤 동그란 모양으로 슬라이스하여 식품건조기 70℃에서 7시간 반.
또는 180℃로 예열한 오븐에서 30분 정도 구운 다음 150℃에서 다시 30분 정도 말려요.

Lemonade
Waffle Sandwich
Asparagus Salad
Salmon

와플샌드위치

연어아스파라거스샐러드

레모네이드

와플을 샌드위치용으로 사용하면 일반 식빵으로 먹는 것
보다 특별한 매력이 있답니다. 연어아스파라거스샐러드를
곁들여 맛깔난 구성을 해보았어요. 상큼한 레모네이드와
생과일로 즐거운 시간을 가져보세요.

RECIPE

와플샌드위치

(1-2인분)

×

샌드위치용으로 알맞은 크기의 구운 와플 4장(p.219 참조), 달걀프라이 2개, 슬라이스체다치즈 2장, 샌드위치용햄 2장, 양상추나 샐러드채소 약간(선택)

갓 구운 와플 사이에 달걀프라이, 햄, 치즈, 샐러드채소 등을 올려요. 먹기 좋게 자르거나 통째 손으로 들고 먹어요.

Cooking Tip 달걀프라이 대신 와플 제일 윗면에 수란을 얹어도 예쁘고 맛있어요.

연어아스파라거스샐러드 (1-2인분)

구이용 연어 150g, 삶아 반 가른 메추리알 60g, 한 입 크기로 자른 아스파라거스 50g, 샐러드채소 70g, 올리브유 약간,
드레싱(디종머스터드 1T, 올리브유 1T, 올리고당 2T, 소금 · 후춧가루 약간씩)

중불로 달군 팬에 올리브유를 약간 두르고 연어와 아스파라거스를 살짝 구워요.
이때 연어살을 부수면서 구워요.
연어, 아스파라거스, 샐러드채소에 드레싱을 살짝 버무려 내요.

레모네이드
(1-2인분)

×

탄산수 200g, 레몬즙 3T, 얼음 적당량

레몬즙을 짜서 컵에 붓고 얼음을 넣고 탄산수를 부어요.

스콘이 있는 식탁

재료를 휘리릭 섞어 굽기만 하면 되기에 빵이 떨어졌을 때 저는 스
콘을 자주 굽는답니다. 한 입 깨물었을 때 바스러지는 식감도 참 좋
고요, 식사빵 대신으로 먹을 수 있다는 점도 매력적이죠.

통밀 스콘

5cm 크기 6개

×

통밀가루(또는 박력분) 225g, 베이킹파우더 2t, 소금 약간, 우유 75g,

포도씨유 4T, 올리고당 2T, 달걀 1개, 윗면에 바를 우유 약간(선택)

* 달걀과 우유는 실온에 꺼내두세요.

1   볼A : 통밀가루, 베이킹파우더, 소금을 거품기로 잘 섞어요.

2   볼B : 우유, 포도씨유, 올리고당, 달걀을 거품기로 섞어요.

3   볼A와 볼B를 섞어 날가루가 보이지 않을 때까지 거품기로 잘
     섞어요. (더 반죽하면 스콘이 딱딱해져요.)

4   한 덩어리로 반죽하여 2cm 정도 두께로 펴서 6등분으로 잘라
     유산지를 깐 팬에 2cm 정도 간격을 두고 올려요.

5   220℃로 예열한 오븐에서 15~20분 정도 구워요.(굽기 전에 우
     유를 스콘 윗면에 살짝 발라 구우면 색이 예뻐요. 굽기 시작한
     10분 뒤부터는 스콘 색을 보고 너무 색이 진하다 싶으면 종이
     포일로 덮어주세요.)

초코칩스콘

딸기콤포트요거트

바나나우유

눈치 채신 분이 계실지도 모르겠어요. 전 사실 초콜릿홀릭
이랍니다. 어떤 음식에서건 초콜릿이 들어가 있으면 가슴
이 뛰고 너무 신이 나지요. 레시피에는 100g이라 적었지만
마음 같아서는 몇 백 그램이라도 넣고 싶답니다. 초코칩스
콘을 먹으면서 초코칩 찾는 재미에 빠져보세요. 아이들이
좋아하는 메뉴이니 함께 만들어도 재밌답니다.

초코칩스콘 (4인분)

일반 스콘 레시피(p.247 참조)에서 밀가루 분량의 15g만 무가당코코아가루로 대체해요(밀가루 210g, 무가당코코아가루 15g). 좀 더 초콜릿 맛을 느끼고 싶으면 반죽하고 마지막에 다진 초코칩 100g을 넣어 가볍게 섞어 220℃로 예열한 오븐에서 15~20분 정도 구워요.

딸기콤포트 (3-4인분)

딸기 400g, 올리고당 100g

냄비에 딸기와 올리고당을 넣고 중불에서 끓여요. 딸기 모양이 뭉개지지 않으면서 말랑말랑해질 때까지 5~10분 정도 저으며 끓여요. 소독한 깨끗한 병에 담아 뚜껑을 닫고 1시간 엎어두었다가 냉장 보관하며 먹어요.

바나나우유 (1-2인분)

우유 400g, 바나나 200g, 올리고당 2T, 시나몬가루 약간(선택)

모든 재료를 믹서에 넣고 갈아요.

Cooking Tip 무가당코코아가루 2T를 추가하면 초코바나나우유가 되지요. 단맛이 싫다면 올리고당을 빼주세요.

Potato Scones
Cheese Omelette
Grilled Bacon&Vegetable
Mushroom&Spinach Stir Fry
Cashew Nut Milk

감자스콘

베이컨채소구이

양송이시금치볶음

치즈오믈렛

캐슈넛밀크

찐 감자를 담뿍 넣은 스콘과 짭짤한 치즈오믈렛이 잘 어울리는 메뉴이지요. 밀가루만 들어가는 것보다 포슬포슬하고 담백한 감자 맛이 좋은 스콘입니다. 정성껏 만든 캐슈넛밀크는 '집에서 만든 너트밀크(nut milk)가 이렇게 담백하고 맛있구나'라고 느끼게 해줄 거예요.

통밀가루(또는 박력분) 125g, 베이킹파우더 2t, 삶아 으깬 감자 100g,
우유 75g, 포도씨유 4T, 꿀 2T, 달걀 1개

감자스콘
(3-4인분)

1 볼A : 통밀가루, 베이킹파우더를 거품기로 섞어요.

2 볼B : 우유, 포도씨유, 꿀, 달걀을 넣고 거품기로 잘 섞어요.

3 볼A에 볼B를 넣어 날가루가 보이지 않을 때까지만 섞고 으깬 감자와 골고루 섞어요.

4 한 덩어리로 반죽하여 2cm 정도 두께로 펴서 6등분으로 잘라 유산지를 깐 팬에
2cm 정도 간격을 두고 올려요

5 220℃로 예열한 오븐에서 15분 정도 구워요.

베이컨채소구이
(1-2인분)

얇게 썬 애호박 150g, 얇게 썬 감자 100g, 잘게 썬 베이컨 4줄(120g), 포도씨유 약간

1 　중불로 달군 팬에 포도씨유를 살짝 두르고 채소를 올려요.

2 　채소 위에 베이컨을 올리고 뚜껑을 닫고 찌는 느낌으로 약불로 가열한 뒤 익으면 중간에 한 번 뒤집어요.

3 　베이컨이 다 익었다 싶으면 불을 꺼요.

Cooking Tip 　채소를 예쁘게 자르면 좀 더 고급스러워 보여요. 제가 사용한 제품은 와플 슬라이서인데 격자무늬 덕분에 모양도 식감도 좋아요.

양송이시금치볶음
(1-2인분)

×

얇게 썬 양송이 100g, 먹기 좋게 손질한 시금치 100g, 다진 마늘 1/2t, 올리브유 약간, 소금 · 후춧가루 약간씩

중불로 달군 팬에 올리브유를 살짝 두르고 양송이 버섯을 넣어 볶다 다진 마늘을 넣고
소금과 후춧가루로 간을 해요. 마지막에 시금치를 넣고 숨이 죽을 때까지 볶아요.

치즈오믈렛
(1-2인분)

달걀 3개, 슬라이스치즈 1장, 우유 50g, 포도씨유 1T, 소금 · 후춧가루 약간씩

볼에 달걀과 우유를 풀고 소금 · 후춧가루로 간해요. 중불로 달군 팬에 포도씨유를 두르고
달걀물을 넣고 가장자리가 노릇해지고 반쯤 익었다 싶으면 반으로 가른 치즈를 올리고
1/2 또는 1/3로 정도의 크기로 접어서 뒤집어 속까지 익혀요.

Cooking Tip 우유 덕분에 한층 더 부드러운 식감이에요. 취향에 따라 볶은 채소나 베이컨을 넣어도 맛있어요.

캐슈넛밀크
(2-3인분)

×

캐슈넛 125g, 생수 600g, 캐슈넛 불릴 물 400g, 올리고당 3T, 소금 약간

1   캐슈넛은 물에 푹 잠가 12시간 정도 냉장 보관해요.

2   캐슈넛만 체에 걸러 생수, 소금, 올리고당과 함께 블렌더로 갈아요.

3   면포에 걸러 냉장 보관하며 먹어요(냉장고에서 3~4일 정도 보관 가능하지
    만 가능한 빨리 먹는 게 좋아요).

5
Galette & crepe

다섯 번째,
갈레트&크레이프가
있는 식탁

크레이프는 아실 텐데, 갈레트는 좀 생소한 분들도 있을 것 같아요. 둘 다 얇은 밀가루 전병이라고 보면 되는데 느낌이 영 달라요. 팬에 반죽으로 부쳐서 내용물을 넣는 것과 접는 방법도 끝없이 응용이 가능하지요. 일반적으로 갈레트는 짭짤한 메뉴와, 크레이프는 달콤한 메뉴와 잘 어울려요. 반죽이 거친 갈레트는 왠지 씩씩한 남성적인 이미지, 크레이프는 소녀 같은 이미지를 풍겨요. 뭔가 색다른 걸 시도해 보고픈 식탁에 분위기 메이커로 추천합니다. 입맛에 따라 맛도 모양도 다양하게 응용해보세요.

팬에 부치는 방법

(메밀갈레트)
(1-2인분)

메밀가루(또는 메밀부침가루) 150g, 물 300g, 달걀 1개, 소금 약간

1   메밀가루와 물의 1/2을 넣고 거품기로 고르게 섞은 다음 달걀과 소금을 넣어 잘 섞어요.

2   1에 남은 물을 조금씩 넣으며 거품기로 섞어요.

3   중불로 달군 팬에 국자로 반죽을 최대한 얇게 붓고 익으면 뒤집어 익혀요.

Cooking Tip   남은 반죽은 냉장고에서 2일 보관 가능하고, 부친 갈레트는 밀봉해서 냉장실에서 3일, 냉동실에서 2주 정도 보관할 수 있어요. 먹을 때는 실온에 꺼내 두고 약불로 달군 팬에 기름을 두르지 않고 살짝 데워요.

오븐에 굽는 방법(통밀갈레트)
(1-2인분)

×

크러스트: 통밀가루(또는 중력분) 140g, 우유 40g, 꿀 2T, 포도씨유 2T, 소금 약간

필링: 각종 잼 또는 페이스트 2T, 토핑(각종 과일, 익힌 토핑) 200g

1   볼에 통밀가루, 꿀, 소금을 넣어 거품기로 섞은 뒤 포도씨유, 우유를 넣어 반죽해 한 덩어리로 만들어요.

2   반죽을 밀대로 0.5mm 정도로 두께로 밀어요.

3   가운데 부분에 준비한 필링과 토핑을 올리고 가장자리 부분을 2cm 정도로 접어요.

4   180℃로 예열한 오븐에 25분 정도 노릇하게 구워요.

Cooking Tip   반죽을 2개로 나누어 구울 땐 굽는 시간을 5분 정도 줄여주세요.

갈레트는 토핑에 따라 전혀 다른 분위기를 낼 수 있어요. 취향대로 다양하게 응용해보세요.

Beef Bourguignon
Coleslaw
Shrimp Spinach Pesto Galette

새우시금치페스토갈레트

비프부르기뇽

오이토마토샐러드

콜슬로

시금치페스토는 만들기 쉽고 맛도 좋지만 무엇보다 활용도가 참 높아요. 부친 통밀갈레트 위에 시금치페스토를 얇게 바르고 통통한 새우를 올려 맛있게 즐겨주세요. 또한 와인을 붓고 장시간 오븐에 구운 프랑스 요리인 비프부르기뇽의 깊은 맛은 다른 음식과도 잘 어울린답니다.

새우시금치페스토갈레트

×

통밀갈레트 반죽(p.261 참조), 시금치페스토(p.137 참조), 새우 150g, 다진 양파 50g, 올리브유 1T, 소금 · 후춧가루 약간씩

1 반죽을 밀대로 0.5mm 정도로 밀어 준비해요.

2 중불로 달군 팬에 올리브유를 두른 뒤 새우와 소금 · 후춧가루를 넣고 볶다가 새우가 반쯤 익으면 양파를 넣어 물기를 날린다는 느낌으로 재빨리 볶아주세요.

3 1의 갈레트 위에 가장자리 2cm 정도를 남기고 시금치페스토를 고루게 펴 바른 다음 새우볶음을 올리고 가장자리를 2cm 정도씩 접어 올려요.

4 예열한 180℃ 오븐에서 25분쯤 노릇하게 구워요. 윗면이 탄다 싶으면 유산지를 덮어주세요.

비프부르기뇽

(2인분)

한 입 크기로 자른 소고기 홍두깨살 250g, 레드와인 2컵, 먹기 좋게 자른 베이컨 100g, 먹기 좋은 크기로 썬 양배추,
양파와 같은 각종 채소 150g, 마늘 2톨, 밀가루 2T, 월계수 잎 3장, 소금 · 후춧가루 약간씩

1   오븐용 냄비에 고기와 채소 등 모든 재료를 넣고 마지막으로 밀가루를 흩뿌려요.

2   1에 와인을 붓고 뚜껑을 닫아 140℃로 예열한 오븐에서 3시간 정도 익혀요.

오이토마토샐러드
(1-2인분)

껍질 벗겨 송송 썬 오이 100g, 슬라이스한 토마토 또는 방울토마토 250g,

드레싱 : 올리브유 2T, 올리고당 2T, 식초 1T, 소금 · 후춧가루 약간씩

볼에 오이와 토마토를 넣고 드레싱으로 버무려 접시에 내요.

콜슬로
(1-2인분)

잘게 채 썬 양배추 300g, 잘게 썬 당근 · 양파 60g씩, 옥수수알 80g, 양배추 절이는 소금 1t

드레싱 : 마요네즈 70g, 머스터드 1t, 레몬즙 1t, 식초 1.5T, 올리고당 1T, 소금 · 후춧가루 약간씩

채 썬 양배추는 소금을 뿌려 뒤적여 두고 10분 정도 절여요.

그릇에 당근, 양파, 양배추, 옥수수알과 드레싱을 넣고

버무려 냉장 보관해요.

Chicken Breast
& Veggie Skewers
Broccoli Onion Salad
Apple Pie
Salmon, Mayonnaise Galette

연어마요네즈갈레트

닭가슴살채소꼬치

브로콜리양파샐러드

사과파이

통밀갈레트의 담백한 맛과 부드러운 연어의 궁합은 색다르게 맛있답니다. 브로콜리양파샐러드는 새콤하고 고소한 드레싱으로 보기와 달리 더 맛있어요. 닭가슴살은 구워 채소와 함께 꼬치로 만들어 쏙쏙 빼먹는 즐거움을 더했지요. 달콤한 사과파이로 가지막 순간까지 기분 좋은 식탁이랍니다.

연어마요네즈갈레트

(3-4인분)

×

통밀갈레트 반죽(p.261 참조), 구이용 연어 150g, 다진 양파 50g, 올리브유 1T, 소금 · 후춧가루 약간씩

1 통밀갈레트 반죽을 0.5mm 정도 두께로 밀더로 밀어둬요.

2 중불로 달군 팬에 올리브유를 두른 뒤 연어살 중앙의 파란 껍질 부분은 떼어버리고, 젓가락으로 살을 부수는 느낌으로 볶다가 양파를 넣고 함께 볶아주세요.

3 갈레트 반죽 위에 마요네즈를 펴 바르고 구운 연어를 올린 다음 가장자리를 2cm 정도씩 돌아가며 접어요.

4 예열한 180℃ 오븐에서 25분 정도 노릇하게 구워요.

닭가슴살채소꼬치
(1-2인분)

한 입 크기로 자른 닭가슴살 150g, 반 가른 방울토마토 150g, 반 가른 양송이버섯 150g,
올리브유 · 소금 · 후춧가루 약간씩

닭가슴살에 소금과 후춧가루로 밑간을 해요. 중불로 달군 팬에 올리브유를
두르고 닭가슴살을 넣어 앞뒤로 노릇하게 볶다가 양송이버섯을 넣고 함께
볶아요. 꼬치에 토마토, 버섯, 닭가슴살 순으로 끼워요.

RECIPE

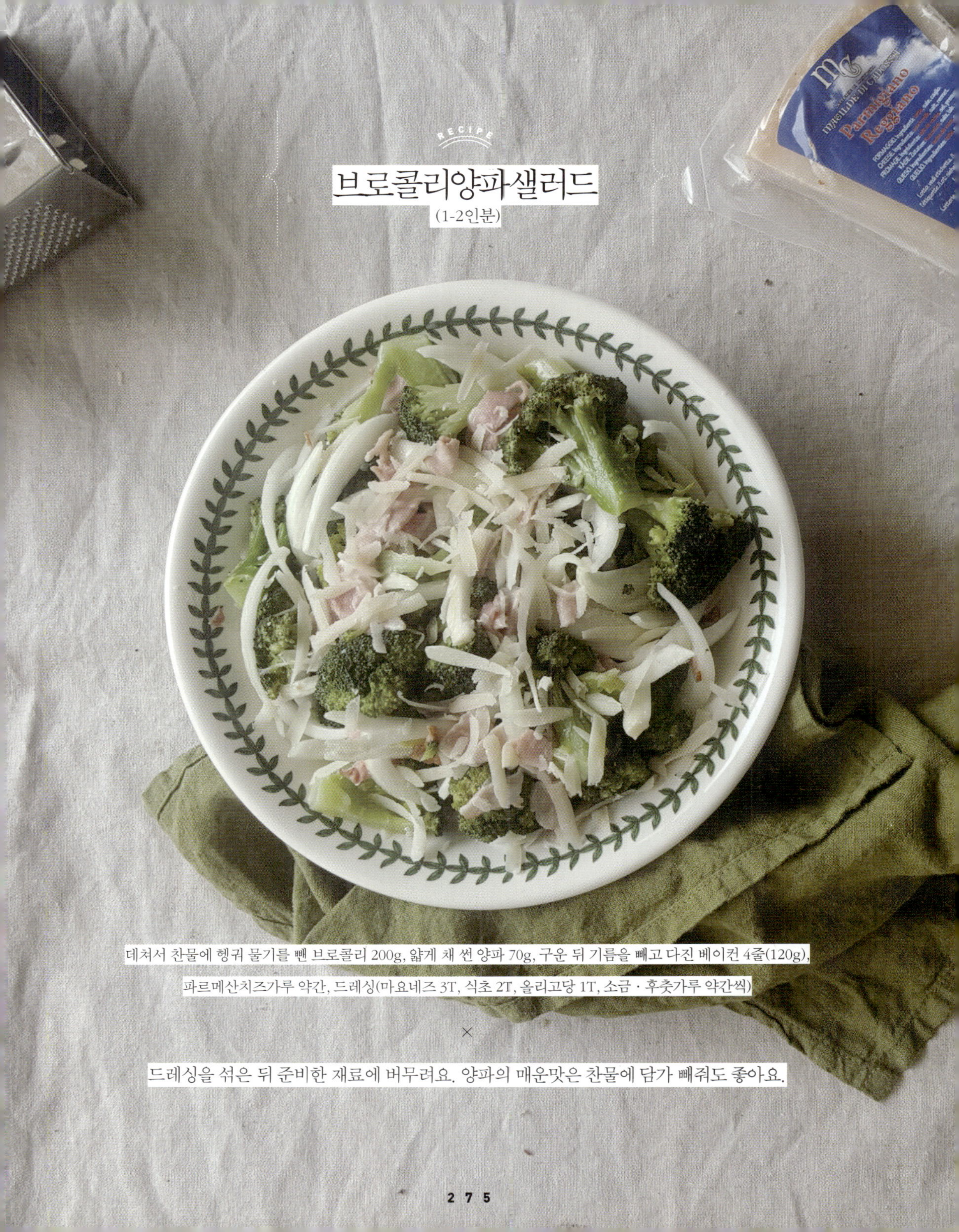

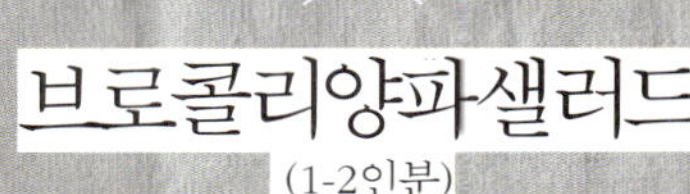

브로콜리양파샐러드

(1-2인분)

데쳐서 찬물에 헹궈 물기를 뺀 브로콜리 200g, 얇게 채 썬 양파 70g, 구운 뒤 기름을 빼고 다진 베이컨 4줄(120g), 파르메산치즈가루 약간, 드레싱(마요네즈 3T, 식초 2T, 올리고당 1T, 소금 · 후춧가루 약간씩)

×

드레싱을 섞은 뒤 준비한 재료에 버무려요. 양파의 매운맛은 찬물에 담가 빼줘도 좋아요.

사과파이
(3-4인분)

×

크러스트 : 통밀가루(또는 박력분) 150g, 소금 1/4t, 우유 4T, 포도씨유 3T

필링 : 껍질 벗겨 다진 사과 200g, 올리고당 2T, 물 3T, 시나몬파우더 1/2t

  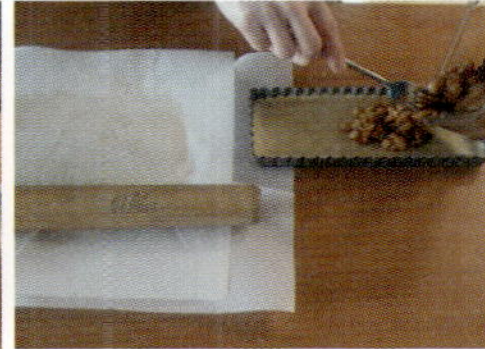 

1   중불로 달군 팬에 필링 재료를 넣고 수분을 날리듯 졸인 뒤 식혀둬요.

2   볼에 통밀가루와 소금을 넣고 거품기로 섞은 후 우유와 포도씨유를 넣고 가루가 보이지 않을 때까지 거품기로 고루 섞어요. 그런 다음 손으로 잘 치대 한 덩어리 반죽으로 만들어 비닐 백에 넣어 20분 정도 냉장 보관해요.

3   **2**의 반죽을 밀대로 얇게 밀어 파이 틀 크기의 2/3 정도를 떼어 틀에 올려 붙인 후 반죽 바닥에 포크로 구멍을 내고 필링을 고르게 떠서 담아요.

4   남겨둔 반죽 1/3을 밀어 필링 위를 덮고 모서리를 손으로 잘 여며요(잘 안 되면 포크 끝으로 누르면 잘 붙고 모양도 예뻐요).

5   윗면에 칼집을 낸 뒤 예열한 170℃ 오븐에서 40분 정도 구워요.

 반죽을 밀대로 밀 때 종이 포일 사이에 넣고 밀면 반죽에 달라 붙지 않고 편해요.

Oatmeal Co
Iced Tea
Banana, Strawberries Galette

딸기바나나갈레트

오트밀쿠키

아이스티

갈레트를 과일과 함께 곁들여 달콤하게 먹을 수 있어요. 여기에 고소한 오트밀쿠키와 상큼한 아이스티를 곁들여보았어요. 갈레트 속엔 바나나 딸기처럼 무른 과일이면 뭐든 다 어울리니 취향대로 즐기세요. 체리나 무화과도 예쁘고 맛있답니다.

딸기갈레트

갈레트 반죽(p.261 참조), 반 가른 딸기 150g+올리고당 1T(또는 딸기잼 2T)+전분 0.5T 버무린 것

통밀갈레트 반죽을 0.5mm 정도 두께로 밀대로 밀고,
전분에 버무린 딸기 또는 딸기잼을 올린 다음 가장자리를 2cm 정도씩 접어
180℃로 예열한 오븐에 25분 정도 노릇하게 구워요.

바나나갈레트

갈레트 반죽(p.261 참조), 얇게 썬 바나나 150g(변색 방지를 위해 레몬즙을 살짝 뿌려 둬요),
누텔라 또는 땅콩버터 2T

통밀갈레트 반죽을 0.5mm 정도 두께로 밀대로 밀고, 누텔라나 땅콩버터를 고루 펴 바른 다음 바나나를 올려요. 가장자리를 2cm 정도씩 접고 180℃로 예열한 오븐에서 25분 정도 노릇하게 구워요.

오트밀쿠키
(3-4인분)

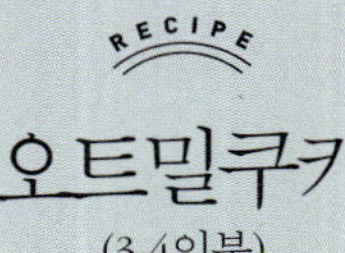

×

오트밀 200g, 통밀가루(또는 박력분) 180g, 베이킹파우더 1T, 시나몬가루 1T, 소금 2g, 달걀 2개, 올리고당 280g,

포도씨유 4T, 바닐라에센스 2t, 견과 · 건과 · 초코칩 100g(선택)

* 달걀을 미리 실온에 꺼내두세요.

1   볼A : 오트밀, 통밀가루, 베이킹파우더, 시나몬가루, 소금을 넣고 거품기로 잘 섞어요.

2   볼B : 달걀, 올리고당, 포도씨유, 바닐라에센스를 모두 넣고 거품기로 잘 섞어요.

3   볼A와 볼B를 섞어 날가루가 보이지 않을 때까지 핸드믹서나 거품기로 섞어요. 여기에 초코칩을 넣고
    고루 치대 한 덩어리 반죽으로 만들고 위생 팩에 넣어 30분 정도 냉장고에 둬요.

4   반죽을 원하는 쿠키 모양으로 납작하게 잘 빚어 160℃로 예열한 오븐에서 20분 정도 구워요.

5   10분 정도 팬에 그대로 두었다가 식힘 망으로 옮겨요(쿠키가 바삭하고 쫀득해져요).

Cooking Tip   오트밀은 섞기 전 기름을 두르지 않은 팬에 살짝 구워서 사용하면 고소하고 좋아요.

RECIPE

아이스티

(1-2인분)

×

홍차 티백 2개(4g), 물 100g, 뜨거운 물 100g, 올리고당 2T, 레몬슬라이스(선택), 얼음 적당량

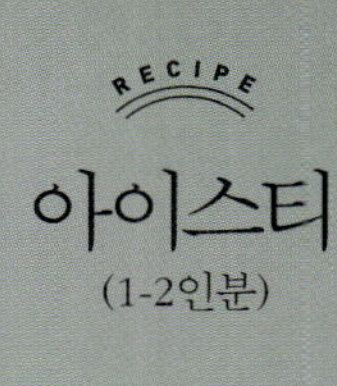

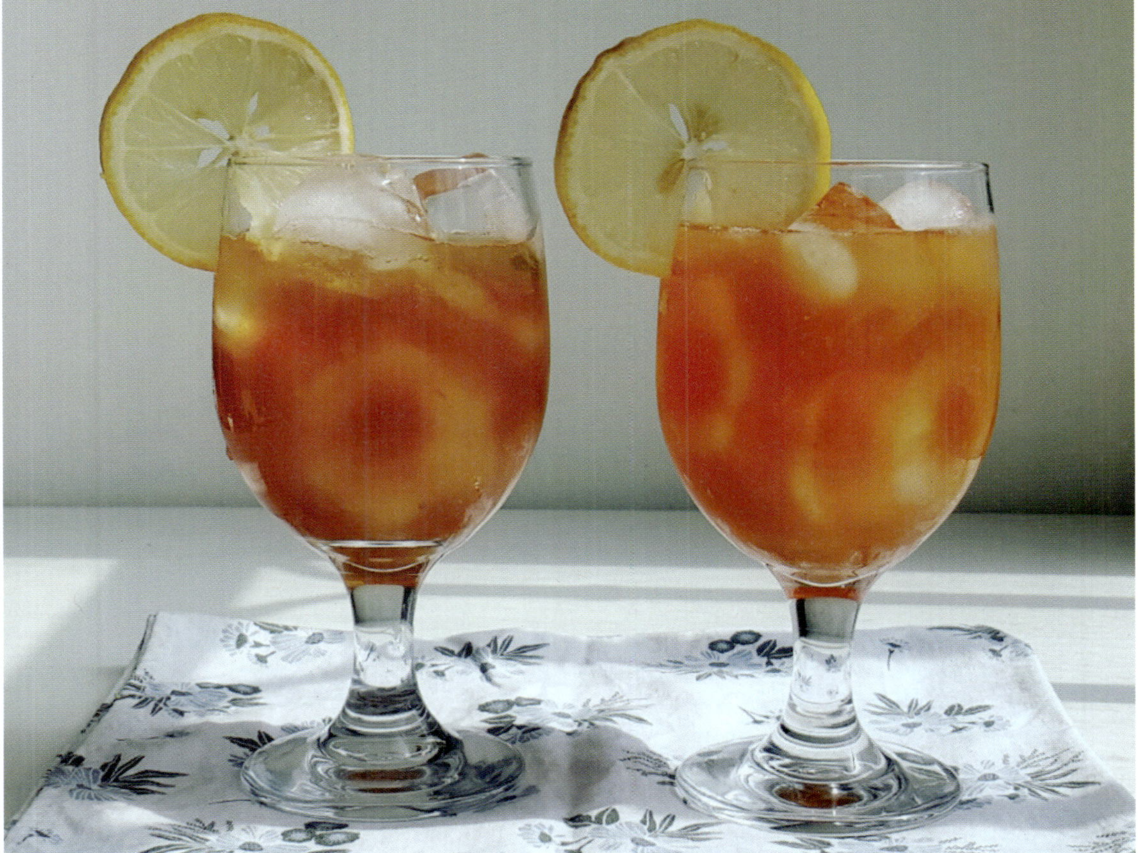

뜨거운 물에 홍차를 우린 뒤 올리고당을 녹이고 식힌 뒤에 물과 얼음을 넣어 내요.

Buckwheat Galette(+Hummus+Corn)
Eggplant Sa
Strawberry Jelly
Sweet Pumpkin Pie

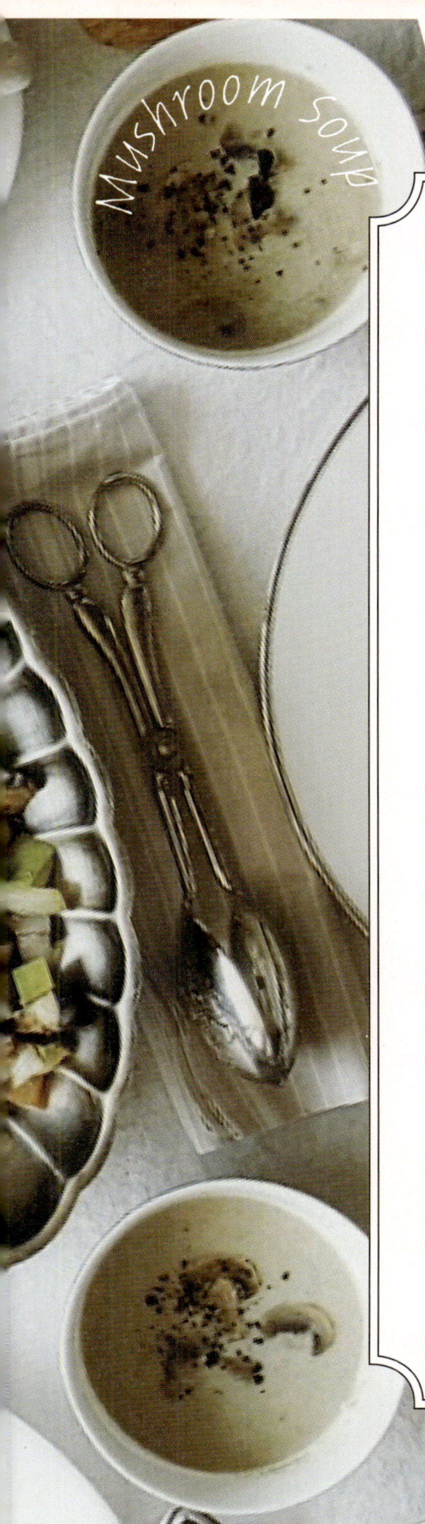

허머스옥수수갈레트

가지샐러드

양송이수프

딸기젤리

단호박파이
(단호박치즈파이)
(딸기치즈파이)

갈레트 속에 넣은 옥수수알이 터지는 식감이 부드러운 허머스와 잘 어우러져 경쾌함을 더해줍니다. 가지샐러드 레시피는 가지와 발사믹식초와의 조합이 좋아 고급스럽게 즐길 수 있답니다. 딸기젤리의 달콤함과 건강한 단호박파이로 기분 좋은 식탁입니다.

허머스옥수수갈레트

메밀갈레트 반죽(p.260 참조), 허머스(p.135 참조), 옥수수알 적당량

메밀갈레트 반죽에 허머스를 펴 바르고 옥수수알을 올린 다음 가장자리를 2cm 정도씩 접어 올려요.
180℃로 예열한 오븐에서 25분 정도 노릇하게 구워요.

RECIPE

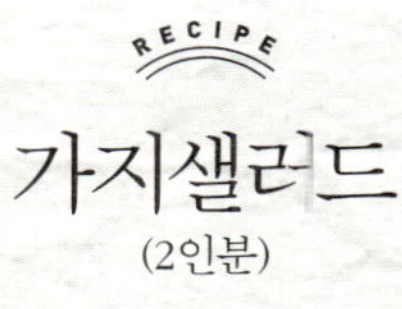

가지샐러드

(2인분)

×

얇게 썬 가지 200g, 잘게 썬 파프리카 150g, 잘게 썬 애호박 120g, 먹기 좋게 썬 양파 50g, 삶은 달걀 2개, 발사믹식초 1T, 포도씨유 2T, 소금 · 후춧가루 약간씩, 장식용 푸른 채소 약간(선택)

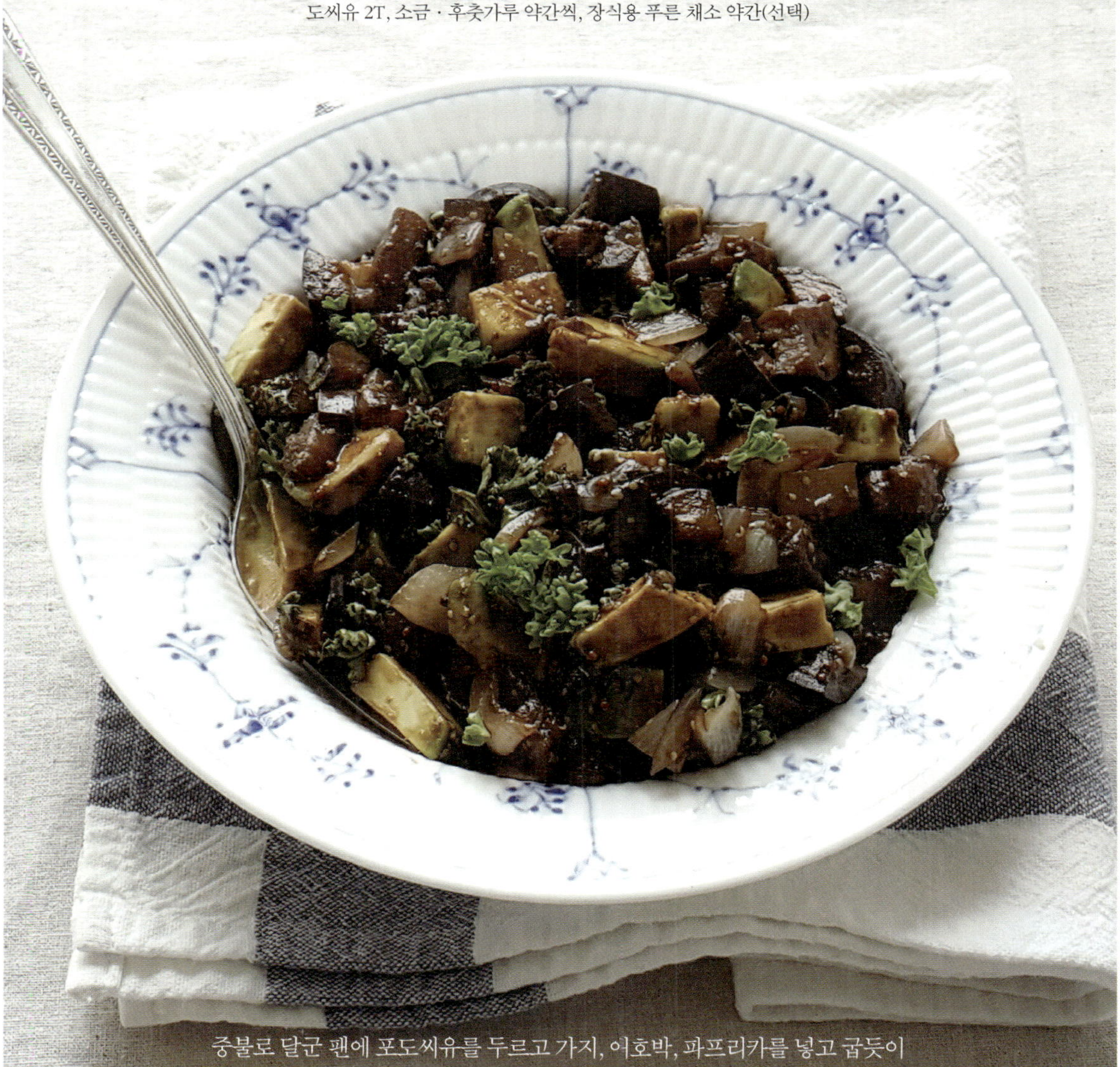

중불로 달군 팬에 포도씨유를 두르고 가지, 애호박, 파프리카를 넣고 굽듯이 살짝 익혀요. 여기에 발사믹식초와 소금 · 후춧가루로 간하고 파슬리 등 푸른 채소로 장식해요.

양송이수프
(3-4인분)

우유 400g, 다진 양파 250g, 얇게 슬라이스한 양송이버섯 120g, 올리브유 1T, 소금 · 후춧가루 약간씩

팬에 올리브유를 두르고 양파와 양송이버섯을 노릇하게 볶아 블렌더로 곱게 간 뒤 우유를 넣어요.

소금으로 간하고 중불에 저으며 끓어오르면 불을 끄고 후춧가루를 살짝 뿌려 내요.

Cooking Tip

수프 위에 파슬리나 슬라이스한 양송이버섯을
올려 장식하면 더 먹음직스러워요.

딸기젤리 (3-4인분)

딸기 200g, 올리고당 4T, 레몬즙 2t, 한천 분말 2g, 물 200g

1   딸기에 올리고당과 레몬즙을 버무린 다음 젤리를 만들 용기에 담아요.

2   냄비에 물과 한천을 넣고 5분 정도 불린 뒤 중불로 가열하다 끓으면 약불로 줄여 한천을 모두 녹여요.

3   **1**에 **2**를 붓고 하룻밤 정도 냉장 보관해요.

Cooking Tip 이 레시피로 만든 딸기젤리는 탱글탱글하기보다는 약간 물기가 많아요. 좀 더 탱글한 걸 원한다면 생과일젤리(p.225 참조)를 참고하세요. 같은 레시피에 딸기만 넣으면 된답니다.

단호박파이
(3-4인분)

×

크러스트 : 통밀가루(또는 박력분) 140g, 베이킹파우더 2g, 포도씨유 4T, 올리고당 70g

필링 : 쪄서 으깬 단호박 300g, 시나몬ㅍ-우더 1/2T, 올리고당 1T

1   통밀가루와 베이킹파우더를 거품기로 섞어요.

2   1에 포도씨유, 올리고당을 넣고 섞어 반죽을 한 덩어리로 뭉친 뒤 비닐에 넣어 30분 냉장 보관해요.

3   쪄서 으깬 단호박, 시나몬파우더, 올리고당을 섞어 필링을 준비해요.

4   반죽을 밀대로 0.5cm로 밀어 준비한 파이 틀에 반죽을 붙이고 3의 필링을 담아요.

5   170℃로 예열한 오븐에서 40~50분 정도 노릇하게 구워요.

Cooking Tip   단호박 대신 고구마를 넣으면 고구마파이가 되지요.

단호박치즈파이

필링: 크림치즈 150g, 올리고당 30g, 레몬즙 2/3T, 달걀 1개

단호박파이(p. 291 참조) 레시피에서 필링 재료 중 쪄서 으깬
단호박의 양을 1/2로 줄여서 올리고 윗면에 크림치즈를 올리면
풍부한 크림치즈의 풍미를 즐길 수 있어요.
필링을 만들 때 달걀을 제외한
모든 재료를 잘 섞은 뒤
달걀을 마지막에 넣고
매끈하게 섞어주세요.

딸기치즈파이

×

단호박치즈파이 만들기 필링에서 단호박을 빼고 치즈 분량을 2배,

즉 크림치즈 300g, 올리고당 60g, 레몬즙 1.5T, 달걀 2기를 섞은 후 넣어 구운 다음

완전히 식혀 위에 딸기를 올리면 딸기치즈파이가 됩니다.

크레이프가 있는 식탁

기본 크레이프 만들기
(1-2인분)

×

통밀가루(또는 중력분) 130g, 우유 250g, 달걀 2개, 포도씨유 2T, 소금 약간

1　볼에 달걀, 우유, 포도씨유, 통밀가루, 소금을 넣고 거품기로 고르게 섞은 후 랩을 씌우고 1시간 정도 냉장 보관해요.

2　약불로 달군 팬에 포도씨유를 두르고 키친타올로 살짝 닦아낸 다음 반죽을 얇게 올려 가장자리가 노릇해지고 색이 연해지면 뒤집어 구워요.

Cooking Tip　반죽을 뒤집을 때 찢어지지 않도록 다른 접시에 받았다가 거꾸로 엎는 방법으로 하면 좋아요.

Crape
(+Yogurt, Banana, Stra...
Mango Sherbet
Cinnamon Roll
coffee Jelly

바나나딸기잼크레이프

바나나딸기잼

시나몬롤

커피젤리

망고샤베트

크레이프 위나 안쪽에 살짝 뿌린 요거트와 잼으로 크레이프를 달콤하게 즐겨보세요. 돌돌 말린 모양이 먹음직스럽고 예쁜 시나몬롤은 맛도 좋고 든든하지요. 커피를 잘 드시는 분들에게 커피젤리는 즐거움이 될 거예요. 시원한 망고샤베트와 함께 달콤한 식탁을 즐겨보세요.

바나나딸기잼
크레이프

×

얇게 부친 크레이프(p. 295 참조) 위에 요거트와
바나나딸기잼을 곁들여요.

바나나딸기잼

×

바나나 200g, 딸기 200g, 올리고당 200g, 레몬즙 1T

1   냄비에 바나나를 잘라 넣고 레몬즙을 뿌려둬요.

2   1에 딸기와 올리고당을 넣고 중불에서 10분 정도 거품을 걷어가면서 저어 끓여요.

3   뜨거울 때 깨끗한 병에 담아 뚜껑을 덮고 1시간 정도 엎어두었다가 냉장 보관해요.

시나몬롤
(3-4인분)

반죽: 통밀가루(또는 강력분) 240g, 체온 정도로 따스한 우유 180g, 포도씨유 7g, 올리고당 24g, 인스턴트
　　　드라이이스트 7g, 소금1/2t
필링: 으깬 바나나 200g, 시나몬파우더 1T, 다진 견과 약간(선택) 50g 또는 사탕수수당 2T+시나몬가루 1t
아이싱: 슈거파우더 100g, 우유1-2T

1　볼에 통밀가루를 넣고 포도씨유, 올리고당, 이스트, 소금을 각각 넣은 다음 거품기로 잘 섞어요.

2　다른 볼에는 필링 재료를 모두 넣고 거품기로 고루 섞어요.

3　1에 우유를 넣고 20분 정도 한 덩어리로 반죽한 뒤 밀대로 1cm 정도로 납작하고 넓게 밀어요. 반죽
　　위에 필링을 고르게 펴 발라요.

4　3을 돌돌 말아 8등분해서 기름칠한 내열 용기에 넣고 따스한 실내에서 2배 정도로 부풀 때까지 1시
　　간 정도 발효시켜요.

5　180℃로 예열한 오븐에서 20분 정도 노릇하게 구워요(윗면의 색이 너무 진하다 싶으면 종이 포일
　　을 덮어줘요).

6　한 김 식힌 다음 아이싱 재료를 섞어 취향에 따라 아이싱을 뿌려요.

 뜨거운 상태에서 아이싱을 뿌리면 다 녹으니 조심하세요.

RECIPE

커피젤리

(3-4인분)

×

물 300g, 커피분말 5g, 한천 1g

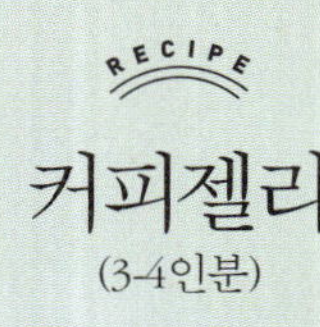

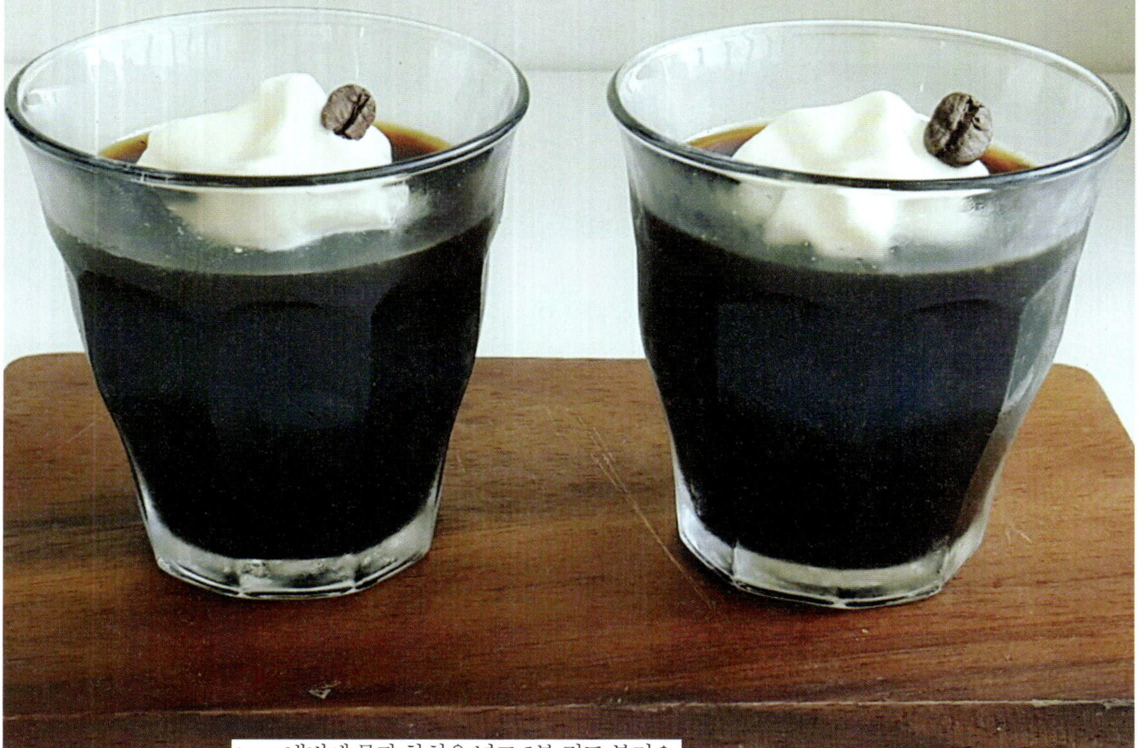

1 냄비에 물과 한천을 넣고 5분 정도 불려요.

2 1을 중불로 가열하다 끓으면 약불에서 졸여 한천을 녹여요.

3 2에 커피분말을 타서 잘 녹인 뒤 용기에 담아 하룻밤 냉장 보관해요.

4 연유나 생크림을 곁들여 먹어요.

망고샤베트

(3-4인분)

냉동망고 300g, 으깨서 냉동한 바나나 150g

망고와 바나나를 블렌더에 곱게 갈아요.
잘 안 갈릴 때는 과일이 살짝 말랑해질
정도(5분 정도)로 실온에 꺼내두었다가
갈아주세요.

Crepe Roll
Strawberry Clafoutis
Banana Cake

크레이프롤

고구마잼

바나나케이크

딸기클라푸티

크레이프 롤과 잘 어울리는 담백하고도 달콤한 맛의 고구마잼을 즐겨보세요. 고구마잼은 다른 빵에도 잘 어울려요. 로즈마리를 올려 향이 좋고 부드러운 바나나케이크의 맛이 상상이 가시나요? 칭찬받는 메뉴가 될 거랍니다. 전통적으로는 체리를 넣어 굽는 클라푸티(clafoutis)에 저는 딸기를 넣어 구웠어요. 살구나 무화과를 넣어도 잘 어울려요. 눈과 코가 즐거워 기억에 남는 식탁이 될 거랍니다.

크레이프롤

(1-2인분)

크레이프 4장(p.295 참조), 고구마 잼 100g(또는 과일잼), 메이플시럽 약간

×

크레이프 안에 잼을 바르고 먹기 좋게 말아 메이플시럽을 살짝 뿌려요.

생과일을 곁들이고 요거트를 뿌려 장식해도 좋아요.

고구마잼
(3~4인분)

푹 찐 고구마 300g, 올리고당 100g

×

1. 냄비에 찐 고구마와 올리고당을 넣고 뭉개며 중불에서 졸여요.

2. 물기가 조금 남아 있을 때까지 5분 정도 저어요.

3. 소독한 깨끗한 병에 담아 뚜껑을 닫고 1시간 정도 엎어두었다가 냉장 보관해요.

바나나케이크
(3-4인분)

으깬 바나나 1개, 장식용 바나나 1개, 통밀가루(또는 중력분) 140g, 베이킹파우더 4g, 달걀 2개, 올리고당 80g, 포도씨유 4T, 우유 3T, 레몬즙 · 견과루 약간씩. 로즈마리 약간(선택)

1　볼A : 통밀가루와 베이킹파우더를 거품기로 섞어요.

2　볼B : 달걀, 우유, 올리고당, 포도씨유틀 거품기로 잘 섞어요.

3　볼A와 볼B를 섞고 으깬 바나나와 견과류를 넣고 고루 섞어 반죽해요.

4　내열 용기에 유산지를 깔고 반죽을 담고 고무주걱으로 윗면을 고르게 해요.

5　4 위에 장식용 바나나를 잘라 얹고 색이 변하지 않게 레몬즙을 발라요.

6　로즈마리를 올리고 견과로 장식한 뒤 170℃로 예열한 오븐에서 50분 정도 구워요.
윗면의 색이 진하다 싶으면 종이 포일토 덮어요.

딸기클라푸티

(3-4인분)

×

먹기 좋게 자른 딸기(또는 복숭아, 체리 등 무른 계절 과일) 적당량, 통밀가루(또는 중력분) 85g, 아몬드가루 50g, 체온 정도로 따스한 우유 200g, 달걀 2개, 올리고당 100g, 소금 · 아곤드에센스나 바닐라에센스 · 슈거파우더 약간씩

* 달걀은 실온에 꺼내두세요.

1   볼A : 우유와 아몬드가루를 거품기로 잘 섞어둬요.

2   볼B : 달걀, 올리고당, 아몬드에센스, 소금을 넣고 거품기로 잘 섞은 뒤 **1**과 섞어요. 여기에 통밀가루를 넣어 가루가 보이지 않을 때까지 잘 섞어요.

3   유산지를 깐 내열 용기에 딸기를 잘 배열한 뒤 **2**의 반죽을 부어요.

4   180℃로 예열한 오븐에서 55분 정도 윗면이 노릇할 때까지 구워요.

5   한 김 식히고 슈거파우더를 뿌려 내요. 슈거파우더 대신 데코스노우를 쓰면 하얗게 오래 남아 있어요.

Focaccia
Potato spinach sal.
Honey Mustard Chicken

크레이프토스트

감자시금치샐러드

포카치아

허니머스터드치킨

얇고 부드러운 크레이프는 부드럽고 식감도 좋지요. 크레이프에 볶음 채소를 넣어 구운 토스트는 색다르게 맛있답니다. 속재료로 찬밥이나 냉장고 속에 있던 여러 가지 채소들을 넣어도 좋아요. 짭조름한 포카치아는 식사빵으로도 좋은데 토마토나 블랙올리브 등 다양한 토핑 재료를 올려 비주얼도 좋게 만들어보세요.

RECIPE

크레이프토스트
(1-2인분)

×

크레이프 4장(p. 295 참조), 잘게 썬 양파, 애호박, 당근, 양송이버섯 등 채소 300g, 실온에 꺼내놓은 달걀 4개, 모차렐라치즈 50g

1   중불로 달군 팬에 올리브유를 두르고 양파, 당근, 애호박, 양송이버섯 등 준비한 채소를 숨이 죽을
     정도로만 재빠르게 볶아요.

2   크레이프를 머핀 틀에 접어서 넣고 안쪽에 1에서 볶은 채소를 담고 위에 풀어둔 달걀물을 넣어요.

3   2 위에 치즈를 올리고 220℃로 예열한 오븐에서 치즈가 녹을 때까지 13~15분 정도 구워요.

감자시금치샐러드
(1-2인분)

×

쪄서 한 입 크기로 썬 감자 400g, 먹기 좋게 썬 시금치 잎 100g, 드레싱(올리브유 3T, 식초 2T, 올리고당 1T,
디종머스터드 1T, 소금·후춧가루 약간씩), 크루통 50~100g(p.381)

시금치와 감자에 드레싱을 버무린 다음 크루통을 뿌려 내요.

포카치아

(3-4인분)

×

통밀가루(또는 중력분) 440g, 체온 정도로 따스한 물 400g, 인스턴트 드라이이스트 7g, 꿀 1T, 올리브유 4T,
허브 1T(파슬리 등), 파르메산치즈가루 2T, 소금 1t, 다진 마늘 1T

1 볼A : 물, 이스트, 꿀, 올리브유를 거품기로 섞고 2분 정도 기다려요.

2 볼B : 통밀가루, 소금, 마늘을 넣고 거품기로 섞은 뒤 볼A와 고르게 섞은 다음 한 덩어리가 될 때까지 4분 정도 반죽해요.

3 내열 용기에 반죽을 2cm 정도 두께로 펼친 후 덮개를 씌우고 45분 정도 발효해요(덮개에 반죽이 들러붙지 않게 조심하세요).

4 손가락이나 주걱의 뒷부분에 통밀가루를 묻혀 반죽에 전체적으로 무늬가 나게 살살 눌러요.

5 4 위에 허브와 파르메산치즈가루를 뿌린 후 190℃로 예열한 오븐에서 20분 정도 노릇하게 구워요.

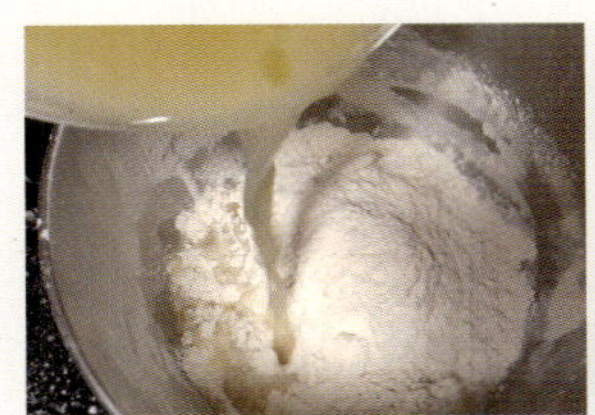  

Cooking Tip 토핑으로 얇게 썬 양파 1개 분량을 올리브유를 두르고 노릇하게 볶아 식힌 뒤 올려서 구워도 풍미가 좋아요.

허니머스터드치킨
(3-4인분)

×

양념이 잘 배도록 칼집을 3~4군데 낸 닭가슴살·닭다리 300g씩,

양념(꿀 2T, 디종머스터드 2T, 다진 파슬리 2t, 타임 2t, 레몬즙 2t, 소금·후춧가루 약간씩)

*파슬리, 타임이 없으면 다른 허브로 대체해주세요.

1   닭다리와 닭가슴살은 소금·후춧가루로 밑간을 해요.

2   양념 재료를 섞어 닭과 고루 버무려 내열 용기에 담아 190℃로 예열한 오븐에서
     40분 정도 구워요.

3   굽는 중간 고기를 두어 번 꺼내 뒤집으며 요리용 붓으로 양념을 고르게 칠해요.

Pancake Rusk
Orange Salad

크레이프케이크

팬케이크러스크

오렌지샐러드

크레이프케이크는 크레이프의 얇고 부드러운 특징을 활용한 것입니다. 크레이프 사이에 크림을 최대한 얇게 발라주면 층층이 쌓아도 부담스럽지 않아요. 크림을 두껍게 바르고 사이사이 생과일을 넣는 방법도 있답니다. 점차 내공을 쌓아 층층이 오색 빛깔의 과일을 넣은 케이크에도 도전해 보세요. 팬케이크로 만든 특별한 러스크와 달콤한 오렌지 샐러드가 잘 어울리는 식탁입니다.

크레이프케이크
(3-4인분)

×

크레이프 8장(p. 295 참조), 생크림 150g, 사탕수수당 15g, 얇게 썬 색깔별 생과일(딸기, 키위 등) 100g(선택)

1 크레이프를 한 장 깔고 생크림을 얇게 바르고 그 위에 크레이프 한 장을 덮는 것을 반복해서 케이크를 만들어요.

2 **1**을 반달 모양으로 썰어서 2중으로 겹쳐요(이렇게 하면 16단 케이크가 되지요).

3 냉장고에 1시간 정도 보관한 후 자르면 단면이 예쁘게 잘려요. 자를 때마다 뜨거운 물에 적신 행주로 칼을 닦으며 잘라요.

Cooking Tip 생크림은 거품기나 핸드믹서로 거품의 뿔이 뾰족하게 서도록 단단히 휘핑해주세요. 사이사이 과일을 끼워 넣어 잘랐을 때 단면이 예쁘고 맛있지만, 과일 없이 크림만 바르면 갸르기고 먹기도 쉬워요. 이럴 땐 과일은 케이크 윗면에 장식해주세요.

1cm 길이로 썬 팬케이크 2장 분량(p.047 참조), 사탕수수당 1T, 시나몬파우더 1t

팬케이크러스크
(1-2인분)

유산지를 깐 팬에 자른 팬케이크를 올리고 사탕수수당과 시나몬가루를
골고루 뿌린 다음 130℃로 예열한 오븐에서 15분 정도 구워요. 더
바삭하기를 원한다면 5-10분 정도 더 구워요.

오렌지샐러드
(1인분)

오렌자 200g, 어린잎(또는 샐러드채소) 60g, 건과일 약간, 드레싱(오렌지즙 100g, 레몬즙 1.5T, 꿀 2T, 올리브유 1T)

*오렌지즙 대신 100% 오렌지주스 3T로 대체 가능

1   오렌지는 먹기 좋게 떼어두고, 어린잎은 씻어 체에 받쳐 물기를 빼둬요.

2   볼에 어린잎과 오렌지를 넣고 드레싱으로 가볍게 버무린 뒤 건과일을 올려요.

여섯 번째,
특별히 아끼는 식탁
Special

6

Hamburger
Detox Water (&Tomato, Basil)
Potato Wedges
pickled onions

햄버거(햄버거번)

웨지포테이토

가지애호박샐러드

양파피클

디톡스워터(토마토, 바질)

패스트푸드 스타일이지만 모두 수제로 만든 것이라 건강한 식탁이랍니다. 특히 통밀로 만든 햄버거번은 아이가 있는 집에 적극적으로 추천해드려요. 모닝빵처럼 잼을 발라 먹어도 맛있고 반으로 갈라 치즈 등 부재료를 올려 구우면 피자처럼 즐길 수도 있지요. 웨지포테이토는 오븐에 구워도 맛있지간 저는 간편하게 팬에서 굽는답니다. 가지 샐러드와 양파피클을 곁들여 새콤달콤한 식탁을 즐겨보세요.

햄버거
(1인분)

햄버거번 1개, 슬라이스치즈 1장, 청상추 · 양파 · 토마토 약간씩, 패티
(다진 소고기 100g, 올리브유 · 소금 · 후춧가루 약간씩)

1   소고기는 소금 · 후춧가루로 간하고 치댄 뒤 완자 모
    양으로 빚어요.

2   중불로 달군 팬에 올리브유를 살짝 두르고 **1**을 앞뒤
    로 노릇하게 구워요.

3   **2**의 양면을 익힌 뒤 슬라이스치즈를 윗면에 얹어요.

4   빵 사이에 패티, 상추, 양파, 토마토 순으로 얹어요.

햄버거번 (3-4인분)

통밀가루(또는 강력분) 300g, 체온 정도로 따스한 물 180g, 인스턴트드라이이스트 4g, 달걀 1개, 포도씨유 2T, 올리고당 1T,
소금 1/2t, 참깨 1T * 달걀은 미리 실온에 꺼내두세요.

1   따스한 물에 이스트를 녹여 잘 섞고 5분 기다려요.

2   볼에 달걀을 풀고 포도씨유, 올리고당, 소금을 잘 섞어요.
    (이때 푼 달걀물의 1/3 정도는 나중에 빵 표면에 바르기 위해서 남겨둬요).

3   **1**과 **2**를 섞은 뒤 통밀가루를 넣고 고무주걱으로 잘 섞어 20분 정도 치대 한 덩어리 반죽으로 만들어요.

4   큰 볼에 반죽을 넣고 뚜껑을 닫아 1시간쯤 2배로 부풀 때까지 1차 발효해요(손가락에 밀가루를 묻
    혀 반죽에 구멍을 뚫어보고 구멍이 그대로 있으면 발효가 다 된 거예요).

5   **4**의 반죽을 균등하게 6덩이로 나누어 뭉쳐 20분 정도 중간 발효해요. 반죽을 한 번 더 치대서 공기
    를 빼고 유산지를 깐 오븐 팬에 올려요.

6   남겨둔 달걀물을 빵 위에 살짝 바르고 참깨를 뿌린 뒤 뚜껑을 닫고 30분 정도 2차 발효해요.

7   190℃로 예열한 오븐에 18분쯤 구우면서 윗면의 색이 진하다 싶으면 유산지로 덮어요.

Cooking Tip 빵 안쪽에 마요네즈를 바른 뒤 치즈, 고기, 채소, 달걀 등을 끼워 먹으면 맛있어요. 닭가슴살로 할 경우 퍽퍽함을 줄이는 레시피를 알
려드릴게요. 세로로 칼집을 낸 닭가슴살 100g에 소금 · 후춧가루로 간을 하고 전분가루 1T를 골고루 묻힌 뒤, 중불로 데운 팬에 포도씨유 1T+
다진 마늘1t를 넣고 한 면씩 뚜껑을 닫고 구우면 부드러운 치킨버거가 된답니다.

웨지포테이토
(1-2인분)

웨지형으로 썬 감자 400g, 소금 1t, 포도씨유 3T, 다진 마늘 1t, 소금 · 후춧가루 약간씩, 건조 파슬리가루 1t(선택)

1 찬물에 감자와 소금을 넣고 5분 정도 담가둬요.

2 1을 체에 밭쳐 흐르는 물로 헹궈내요.

3 중불로 달군 팬에 포도씨유를 두른 뒤 2의 감자를 한 면씩 구우며 소금 · 후춧가루를 살짝 쳐요.

4 노릇하게 구워지면 다진 마늘과 파슬리가루를 넣고 살며시 버무려요.

Cooking Tip 식은 뒤 먹을 때는 뚜껑을 닫고 전자레인지에서 1분 30초 정도 데우면 금방 구운 거 같아요.

RECIPE

가지애호박샐러드

(1-2인분)

×

얇게 썬 가지 200g, 얇게 썬 파프리카 150g, 얇게 썬 애호박 120g, 삶은 달걀 2개, 발사믹식초 1T, 포도씨유 2T, 소금・후춧가루 약간씩, 장식용 푸른 채소 약간(선택)

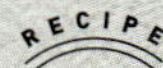

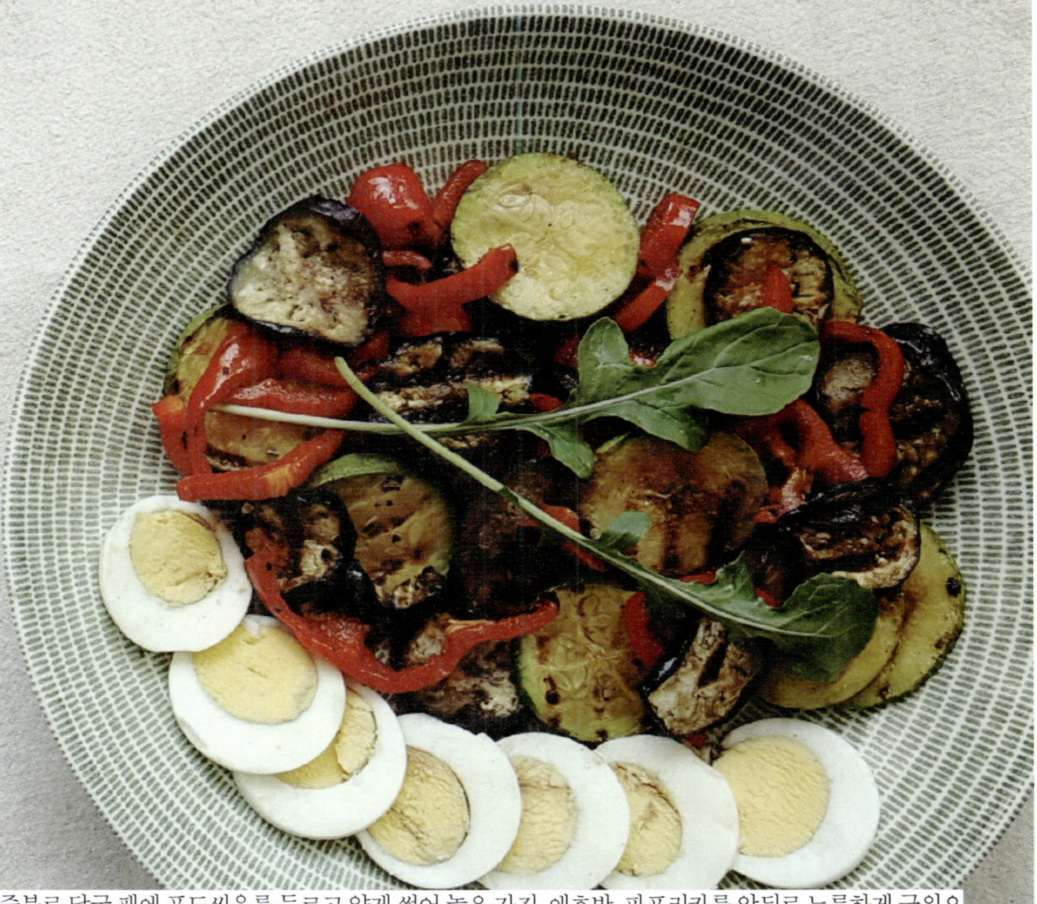

1 중불로 달군 팬에 포도씨유를 두르고 얇게 썰어 놓은 가지, 애호박, 파프리카를 앞뒤로 노릇하게 구워요(그릴 팬에 구우면 멋스러워요).

2 한 김 식힌 뒤 발사믹식초와 소금・후춧가루를 뿌려요.

3 접시에 담고 삶은 달걀을 잘라 올리고 푸른 채소로 장식해요.

양파피클
(1L)

얇게 썬 양파 370g, 단촛물(식초 200g, 물 200g,
올리고당 1T, 소금 1t)

깨끗이 소독한 병에 양파를 담고 단촛물을 부은 뒤
잘 흔들어 실온에서 1시간 정도 숙성해요.
1주일 정도 냉장 보관하며 먹을 수 있어요.

RECIPE

디톡스워터
(토마토, 바질)

적당한 크기로 썬 토마토 150g, 바질 적당량,
차가운 생수 1L

용기에 토마토를 넣고 생수를 붓고 바질을 넣
어 1-2시간 정도 두었다 마셔요.

Apple & Grapefruit Salad
Detox Water
Piadina(Ricotta, Arugula, Tomato)

토르티야피아디나

데리야키치킨

사과자몽샐러드

디톡스워터
(배,청포도)

피아디나(Piadina)는 이탈리아식 납작한 빵으로 여러 부
재료를 끼워 먹어요. 여기서는 토르티야로 대체해서 간단
히 만드는 방법을 소개합니다. 토르티야로 샌드위치를 만
든다고 생각하면 될 것 같아요. 데리야키 양념의 치킨은 달
콤하고 속도 든든히 채워주지요. 신선한 사과자몽샐러드
를 더해 맛깔난 식탁을 준비해보세요.

RECIPE

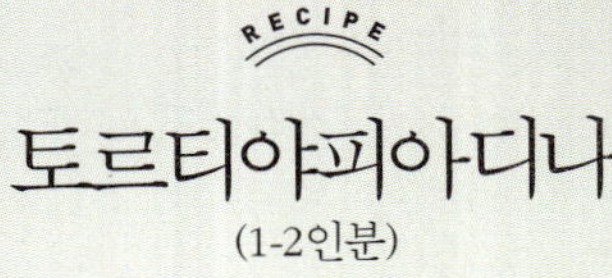

토르티야피아디나
(1-2인분)

×

토르티야 2장, 리코타치즈 100g(p.129 참조), 청상추 50g, 얇게 썬 토마토 150g

팬에 살짝 구운 토르티야에 치즈를 펴 바르고 상추와 토마토를 넣어
먹기 좋게 접어 먹어요.

Cooking Tip 피아디나는 이탈리아식 납작한 빵인데 샌드위치처럼 여러 가지 부재료를 끼워 먹어요. 달걀프라이, 샌드위치용 햄 등을 속에 넣어 먹어도 좋고 원플레이트로 먹어도 좋답니다.

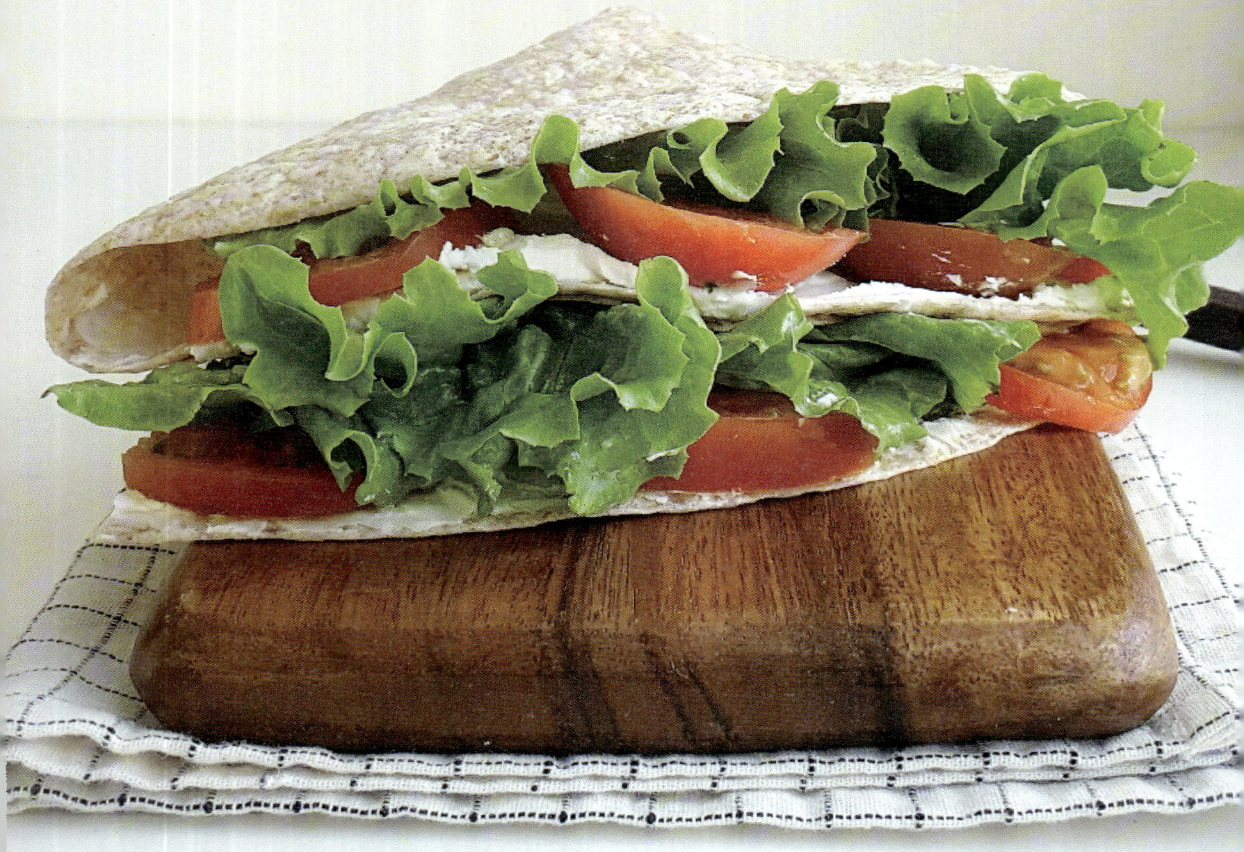

데리야키치킨
(3-4인분)

닭다리살 600g, 전분 3T,
양념(올리고당 3T, 요리술 3T,
간장 3T, 다진 마늘 1T),
포도씨유 1T, 소금·후춧가루 약간씩

1   닭다리살에 소금과 후춧가루로 밑간하고 전분을 골고루 묻혀요.

2   양념 재료는 잘 섞어두고 중불로 달군 팬에 기름을 두르고
    닭 한쪽 면을 노릇하게 익혀요.

3   닭다리를 뒤집고 뚜껑을 닫아 2분간 익힌 뒤 뚜껑을 열고 물 1/4컵을 부어요.

4   양념을 붓고 졸이면서 중간중간 눌어붙지 않도록 뒤적여 주세요.

Cooking Tip 전분 덕분에 닭이 퍼석하지 않고 촉촉하답니다. 닭다리살 대신 닭가슴살로 해도 맛나요.
채소를 넣는 것도 추천이에요. 얇게 썬 양배추 200g 정도를 넣어주세요.

RECIPE

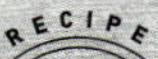

사과자몽샐러드

(1-2인분)

얇게 썬 자몽 200g, 얇게 썬 사과 100g, 한 입 크기로 썬 샐러드채소 50g, 드레싱(레몬즙 2T, 올리고당 2T, 플레인요거트 2T), 리코타치즈 또는 다진 견과 2T

모든 채소에 드레싱을 버무려 접시에 올린 다음 리코타치즈 또는 다진 견과를 올려 내요.

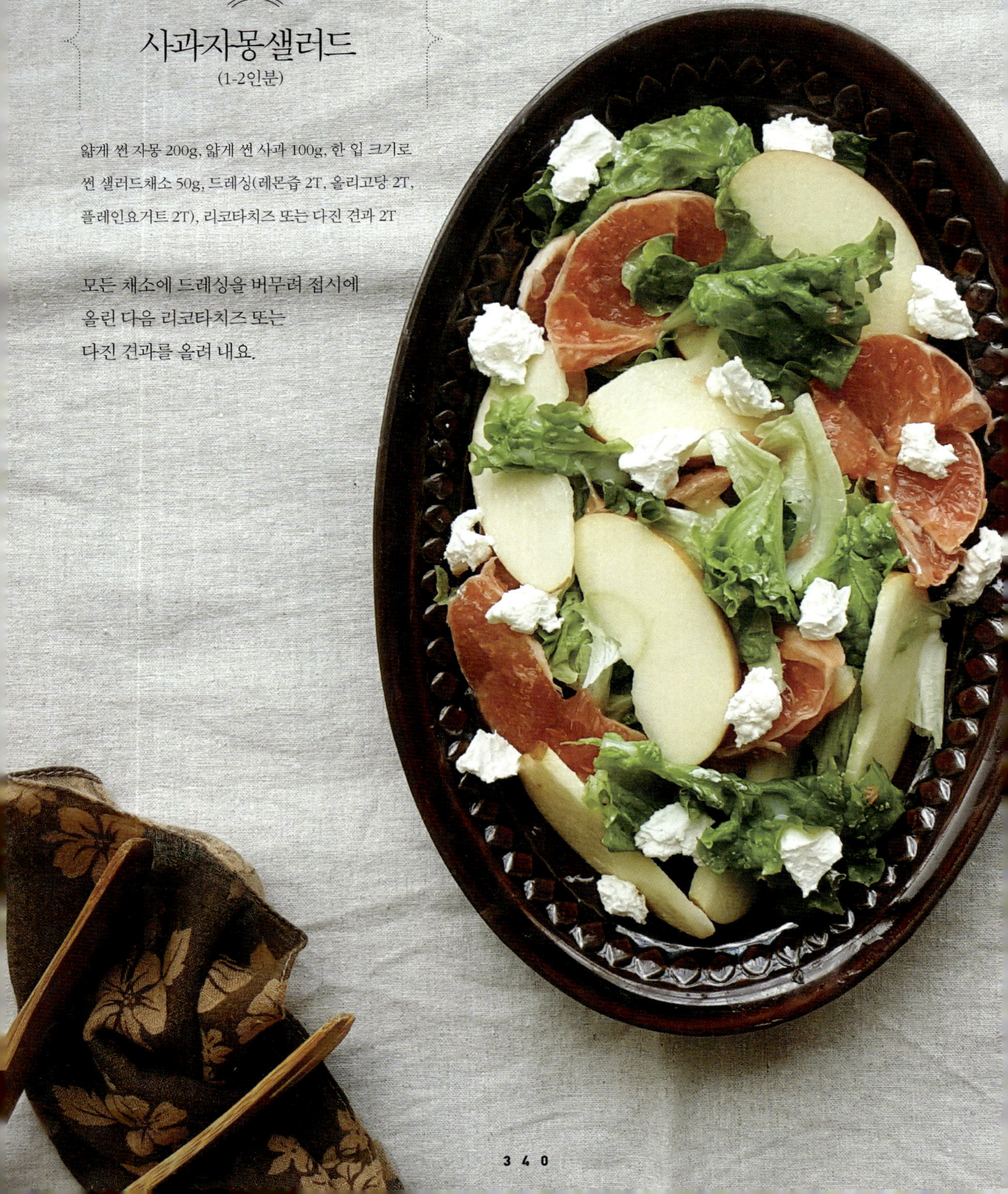

디톡스워터(배, 청포도)
(4인분)

얇게 썬 배와 청포도 150g, 차가운 생수 1L

물병에 얇게 썬 배와 청포도를 넣고 차가운 생수를
부어 1~2시간 정도 두었다 마셔요.

Italian style Baked Plaice
Ricotta Mushroom Pizza
Tofu Salad
Spanish Omelette
Green Smoothie

리코타버섯피자

스패니시오믈렛

두부샐러드

이탈리아식가자미구이

그린스무디

리코타(ricotta)치즈는 부드럽고 고소하면서 칼로리가 낮고 다른 재료와 잘 어울리는 착한 치즈지요. 만들어두면 크림치즈나 잼 대용으로 사용하기 좋아요. 두부와도 잘 어울리고요. 가자미구이는 특별하게 이탈리아식으로 구워보세요. 프랑스식가자미구이(p.355 참조)와도 비교해보세요.

리코타버섯피자

(2인분)

×

구운 피자도우(또는 토르티야) 1개(p.382 참조), 리코타치즈(p.129 참조), (또는 크림치즈) 3T
얇게 썬 버섯 60g, 다진 마늘1/2t, 소금 · 후춧가루, 올리브유 약간씩

1 볼에 리코타치즈, 다진 마늘, 소금 · 후춧가루를 섞어요.

2 중불로 달군 팬에 올리브유를 살짝 두른 뒤 버섯을 볶아요.

3 준비한 피자 도우에 1을 고루 펴 바르고 볶은 버섯을 올린 뒤 중불로 달군 팬에 구워요.

4 뚜껑을 덮고 치즈가 녹고 도우가 타지 않을 정도로 5분 정도 구워요.

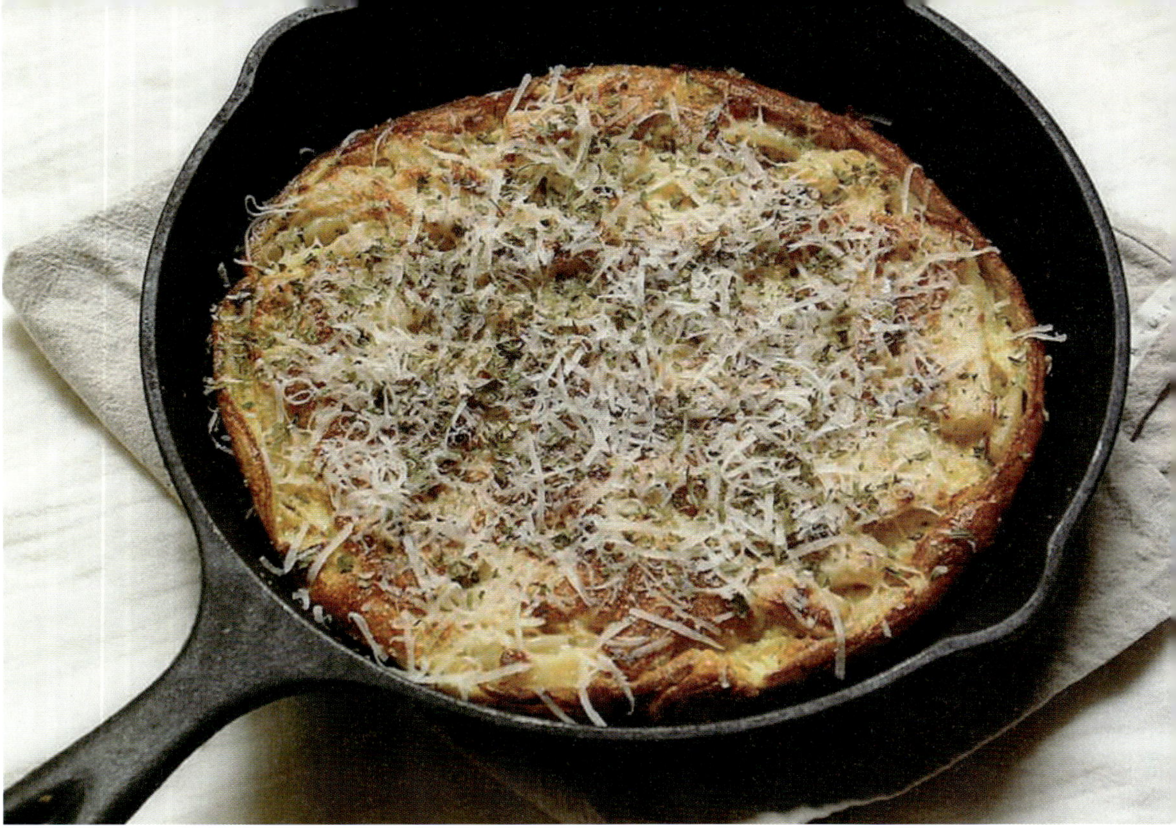

RECIPE

스패니시오믈렛
(1인분)

잘게 썬 감자 300g, 얇게 썬 양파 60g, 달걀 3개, 올리브유 2T, 파르메산 치즈가루 · 파슬리가루 · 소금 · 후춧가루 약간씩

×

1 중불로 달군 팬에 올리브유를 두른 뒤 감자와 양파를 볶다가 소금 · 후춧가루로 간해요.

2 볼에 달걀을 푼 뒤 **1**의 볶은 감자와 양파를 넣고 섞어요.

3 중불로 달군 팬에 올리브유를 두른 뒤 **2**를 넣고 약불로 익혀요.

4 달걀이 거의 익을 때쯤 다른 접시에 **3**을 잠시 옮겼다가 뒤집어 팬에 올려 익혀요.

5 파르메산치즈가루와 파슬리가루를 올려요.

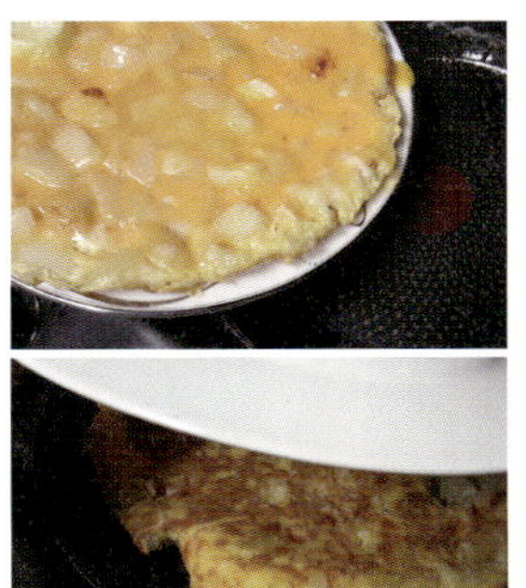

RECIPE

두부샐러드

(1-2인분)

데쳐서 면포로 싸서 30분간 물기를 뺀 두부 200g, 얇게 썬 방울토마토 100g, 샐러드채소 50g, 드레싱(발사믹식초 1T, 올리브유 1T, 소금 · 후춧가루 약간씩)

접시에 샐러드채소, 토마토, 깍둑썰기한 두부를 올린 다음 섞은 드레싱을 뿌려요.

Cooking Tip

두부의 물기를 뺄 때 너무 무거운 것으로 누르면 두부 모양이 망가지므로 조심하세요.
급할 때는 두부를 프라이팬에 살짝 구워서 사용하세요.

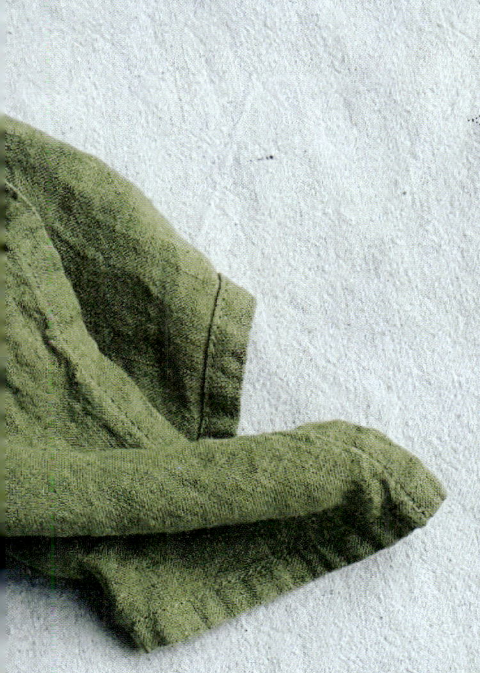

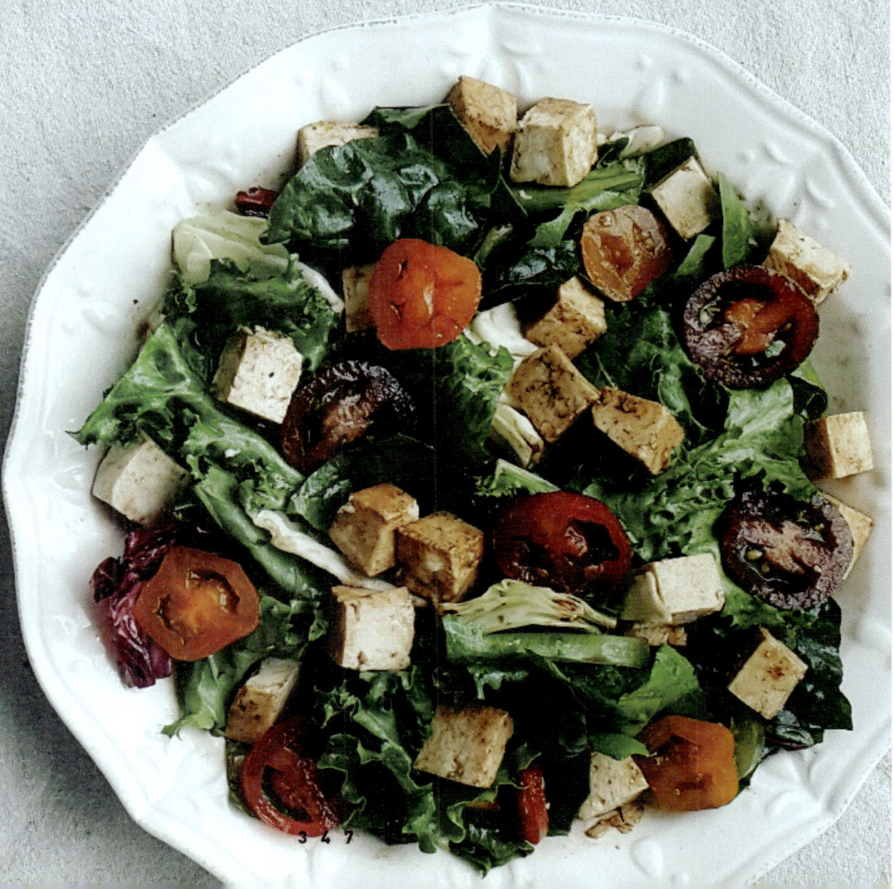

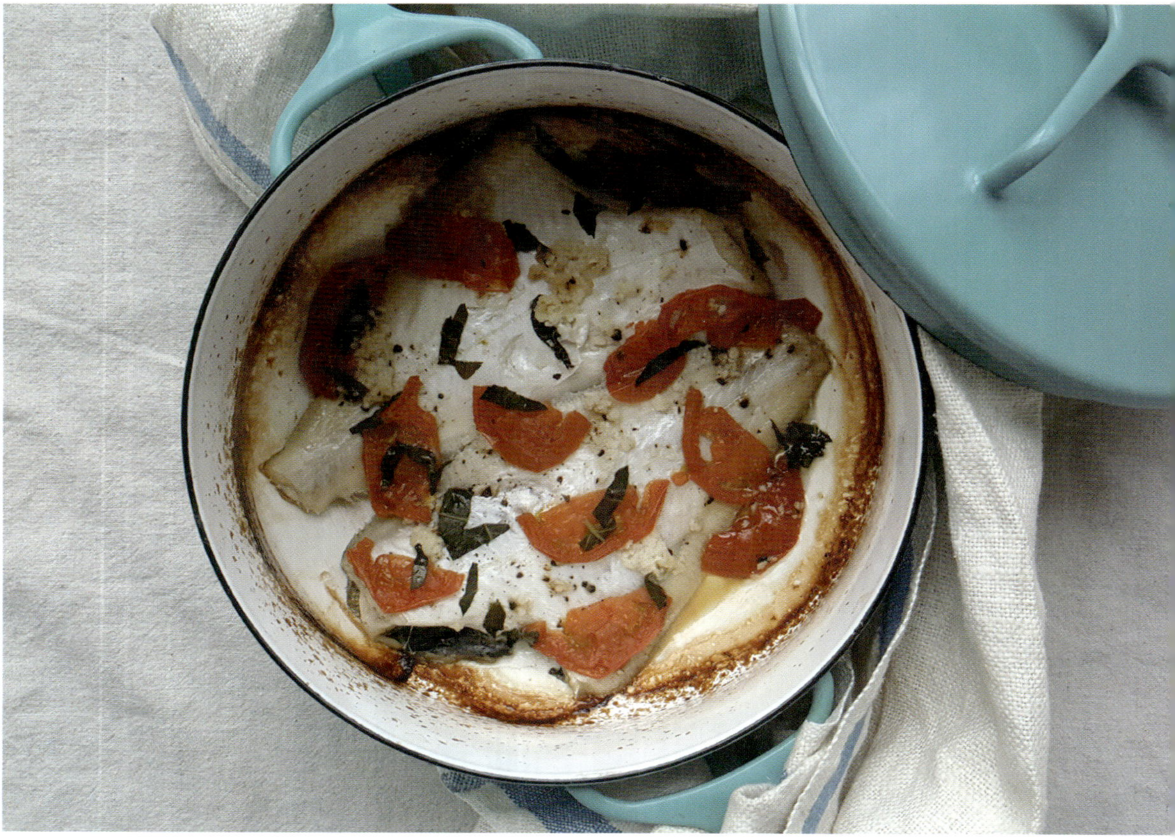

RECIPE

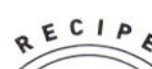

이탈리아식가자미구이

(1-2인분)

×

가자미 300g(2마리), 레몬즙 1T, 얇게 썬 토마토 70g, 올리브유 1T, 다진 마늘 1t,

얇게 썬 바질 잎 · 소금 · 후춧가루 약간씩

1 뚜껑 있는 오븐 용기에 올리브유를 잘 바른 뒤 가자미를 넣고 소금 · 후춧가루로 간해요.

2 레몬즙을 뿌린 뒤 토마토와 다진 마늘, 바질 잎을 얹어요.

3 180℃로 예열한 오븐에서 뚜껑을 닫고 40분 정도 구워요.

RECIPE
그린스무디
(2인분)

얇게 썬 바나나 500g, 얇게 썬 파인애플 270g, 샐러드채소 100g

재료를 모두 블렌더에 넣고 곱게 갈아요.

Detox Water
Spinach & Corn Quiche
French-style Plaice
Potato Bacon Quiche

감자베이컨키슈

시금치옥수수키슈

프랑스식가자미구이

믹스채소피클

디톡스워터
(자몽, 오렌지, 민트)

프랑스 스타일로 차린 식탁이랍니다. 특히 프랑스인들의
소울 푸드라 할 수 있는 두 가지 맛의 키슈를 즐겨보세요.
가자미도 프랑스식으로 구워 색다르게 맛있지요. 다양한
채소의 피클 맛도 입맛을 돋워줄 거랍니다.

감자베이컨키슈
(3-4인분)

×

필링 : 삶아 다진 감자 600g, 베이컨 3줄(90g)

혼합액 : 우유 300g, 모차렐라치즈 50g, 달걀흰자 2개, 달걀 1개, 다진 파슬리 1T,

소금 · 후춧가루 · 포도씨유 약간씩 디종머스터드 1t(선택)

* 우유와 달걀은 실온에 꺼내두세요.

1   중불로 달군 팬에 베이컨을 바싹 익혀 종이 포일에 올려 기름기를 제거해요.

2   내열 용기 안쪽에 기름칠을 하고 감자와 베이컨을 넣고 혼합액을 부어요.

3   180℃로 예열한 오븐에서 40분 정도 구워요.

시금치옥수수키슈
(3-4인분)

×

필링 : 옥수수알 150g, 먹기 좋게 자른 시금치 30g

혼합액 : 우유 300g, 모차렐라치즈 50g, 다진 파슬리 1T, 달걀흰자 2개, 달걀 1개,

소금 · 후춧가루 약간씩, 디종머스터드 1t(선택), 포도씨유 약간

* 우유와 달걀은 실온에 꺼내두세요.

1   중불로 달군 팬에 포도씨유를 두르고 시금치가 숨이 죽을 정도로만 살짝 볶아요.

2   옥수수알과 볶은 시금치를 버무려 안쪽에 기름칠을 한 내열 용기에 담고 혼합액을 부어요.

3   180℃로 예열한 오븐에서 40분 정도 구워요.

 Cooking Tip   옥수수알은 통조림을 쓰면 편해요. 체에 밭쳐 물기를 제거한 뒤 써주세요.

프랑스식가자미구이

(1-2인분)

×

가자미 300g(2마리), 달걀 1개, 물 2T, 밀가루 3T, 포도씨유 4T, 레몬즙 1T, 다진 파슬리 1T,

아몬드슬라이스 2T, 소금 · 후춧가루 약간씩

1 가자미에 밀가루를 골고루 묻혀 두고 달걀물에 소금 · 후춧가루를 섞은 뒤 가지미를 넣어 달걀물을 입혀요.

2 중불로 달군 팬에 포도씨유를 넉넉히 두르고 가자미를 넣고 앞뒤로 구워요. 가자미 살이 부서지지 않도록 살살 뒤집어요.

3 모두 익으면 레몬즙을 뿌린 뒤 파슬리와 아몬드로 장식해요.

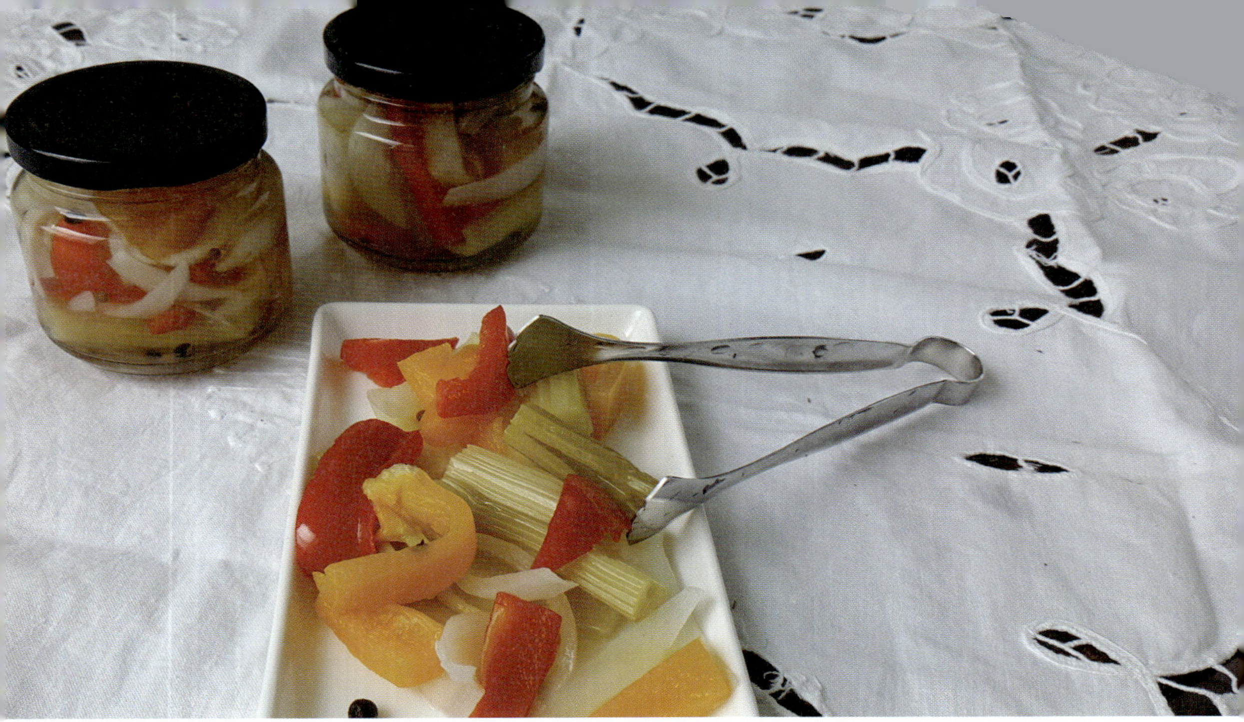

믹스채소피클
(1L)

먹기 좋게 썬 파프리카 450g, 셀러리 180g, 양파 120g, 물 600g, 식초 150g, 절임용 소금 1T, 간 맞추는 용 소금 1t, 올리고당 3T, 통후추 1/2T, 월계수 잎 약간

1   먹기 좋게 썬 양파와 파프리카는 소금 1T에 5분 정도 절이고 셀러리는 칼로 줄기를 제거하고 먹기 좋은 크기로 잘라요.

2   냄비에 물, 식초, 올리고당, 통후추, 월계수 잎, 소금을 넣고 중불로 끓이다가 채소를 넣고 5분쯤 더 끓여요.

3   병에 담고 뚜껑을 닫아 하루 실온 숙성하고 냉장 보관해요.

Cooking Tip   채소를 넣고 끓을 때 너무 끓이지 말고 채소의 식감이 아삭하게 살아 있을 정도로 끓여요.

디톡스워터
(자몽, 오렌지, 민트)
(4인분)

×

차가운 생수1L, 자몽과 오렌지 150g, 민트 약간

1 자몽과 오렌지는 뜨거운 물에 살짝 담갔다 뺀 뒤 식초 물에 담가 깨끗이 씻은 후 얇게 썰어요.

2 통기에 자몽과 오렌지를 넣고 생수를 부어 실온에서 1-2시간 정도 두었다 마셔요. 냉장 보관은 최대 12시간 정도까지 가능하고 그 이후엔 체에 물만 걸러내서 이틀 내에 마셔요.

Asparagus Risotto
Pickle Salad
coq au vin

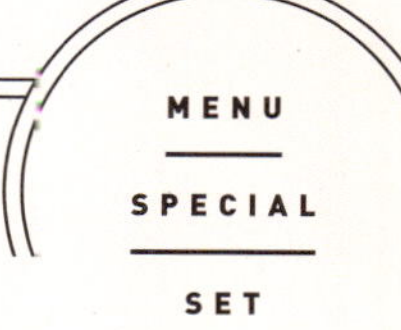

아스파라거스리조또

피클샐러드

꼬꼬뱅

브로콜리피클

아스파라거스를 담뿍 넣은 리조또의 부드러움과 꼬꼬뱅의 깊은 맛이 잘 어울려요. 상큼한 피클과 신선한 채소가 어우러진 피클샐러드도 즐겨보세요. 잠시 짬날 때 피클을 만들어두면 다양하게 활용할 수 있답니다. 꼬꼬뱅은 와인과 육수에 졸인 닭이라 우리 입맛에 잘 맞아요. 보통 오븐에 굽지만 저는 팬 하나로 하는 간단한 레시피를 소개해드릴게요.

아스파라거스 리조또
(1인분)

밥 300g, 채소 국물 200g(p.109 참조), 먹기 좋게 잘라 데친 아스파라거스 100g, 모차렐라치즈(또는 크림치즈) 3T, 올리브유 1T, 다진 마늘 1t, 소금·후춧가루 약간씩 (* 아스파라거스를 장식용으로 올리면 예뻐요.)

1   장식용을 제외한 아스파라거스는 한 입 크기로 잘라요.

2   중불로 달군 팬에 올리브유를 두르고 밥을 볶은 후 채소 국물을 넣고 저으며 섞어요.

3   2를 자작하게 졸이다가 준비한 치즈를 섞고 소금·후춧가루로 간해요.

피클샐러드

샐러드에는 꼭 드레싱이 필요하다는 것도 편견입니다. 냉장고 속 샐러드채소에
피클만 올려도 색다르고 맛있답니다. 다양한 종류의 피클을 올려 즐겨보세요.

꼬꼬뱅

(1-2인분)

×

닭다리살 400g, 와인 200g, 닭뼈 육수 200g, 다진 양파 120g, 다진 베이컨 80g, 얇게 썬 양송이버섯 60g, 얇게 썬 당근 60g,
올리브유 1T, 파슬리 약간, 닭다리살 양념(밀가루 1T, 건조 타임 1t, 소금 · 후춧가루 약간씩)

1   깨끗이 손질한 닭다리살에 밀가루, 타임, 소금, 후춧가루를 모두 섞어 양념한 뒤 충분히 주물러
    30분 정도 재워요.

2   중불로 달군 팬에 올리브유를 살짝 두르고 1의 닭다리를 올려 노릇하게 앞뒤로 구워요.
    여분의 밀가루는 털어내고 구운 닭은 잠시 다른 그릇에 옮겨놓아요.

3   닭을 구운 팬에 베이컨을 바삭하게 볶다 채소를 넣고 2분간 더 볶고 와인과 육수를 부어 10분
    정도 더 끓여요.

4   3에 2에서 구운 닭을 넣고 육수가 반으로 줄어들 때까지 20분 정도 끓이면서 한두 번 뒤적인 뒤
    파슬리를 뿌려 내요.

브로콜리피클
(1L)

한 입 크기로 잘라 데친 브로콜리 200g 단촛물(식초 200g, 물 200g,
소금 1t, 올리고당 1T, 레몬즙 1T, 통후추 1t, 월계수 잎 1장(선택))

1 깨끗하게 소독한 병에 데친 브로콜리를 넣어요.

2 냄비에 단촛물 재료를 넣고 중불로 끓인 후
   뜨거울 때 병에 붓고 뚜껑을 닫아요.

3 실온으로 식힌 뒤 냉장 보관해요.

Green Smoothie
Baked Potatoes(Hasselback Potatoes)
Pickled Carrots
Seafood Risotto
Ratatouille

해물리조또

라따뚜이

해슬백포테이토

당근피클

그린스무디

디즈니 만화영화로 더 유명해진 라따뚜이(ratatouille)는 만들기 쉬운 건강식이지요. 아코디언 모양의 감자구이는 식탁에 경쾌함을 더해준답니다. 해슬백(Hasselback)이란 이름은 스웨덴의 Hasselbacken hotel에서 처음 소개한 데서 유래되었다고 해요. 포크로 칼집 부분을 누르면 쉽게 잘려지니 한 접시당 하나씩 놓기 좋아요. 피클과 함께 맛있게 즐겨보세요.

RECIPE

해물리조또
(1인분)

밥 300g, 물 200g, 새우 100g, 오징어 70g, 얇게 썬 양송이버섯 50g, 리코타치즈(p.129 참조) 또는 크림치즈 2T,
다진 마늘 1t, 올리브유 1T, 소금·후춧가루 약간씩

1   냄비에 물을 붓고 중불에서 새우와 오징어를 삶아 오징어를 먹기 좋게 썰고 육수는 따로 보관해요.

2   중불로 달군 팬에 다진 마늘을 볶다 버섯을 볶은 다음 육수 1/2컵을 넣고 끓여요.

3   끓으면 밥을 넣고 남은 육수를 넣고 더 볶아요.

4   3이 어우러지면 치즈를 넣고 섞다 새우와 오징어를 넣고 버무리며 소금·후춧가루로 간해요.

Cooking Tip 좀 더 진한 맛을 원할 때는 육수 대신 우유나 생크림을 넣어주세요.

라따뚜이
(1-2인분)

데쳐서 으깬 토마토 400g, 얇게 썬 가지 200g, 얇게 썬 애호박 120g, 얇게 썬 파프리카 70g, 다진 양파 60g, 올리브유 1T,

다진 마늘 1t, 바질 · 소금 · 후춧가루 약간씩, 월계수 잎 1장(선택)

1   중불로 데운 팬에 올리브유를 두르고 다진 마늘을 볶다 양파와 월계수 잎을 볶아요.

2   1이 투명하게 볶아지면 가지를 볶다 말랑해지면 애호박, 파프리카, 토마토를 넣어 볶아요.

3   뚜껑을 덮고 모든 채소가 익으며 자작하게 졸아들 때까지 끓인 다음 소금 · 후춧가루로 간해요.

4   마지막에 얇게 썬 월계수 잎으로 장식해요.

해슬백포테이토
(감자구이)

×

감자 2개(350g), 포도씨유 2T, 올리브유 · 로즈마리 · 허브 · 소금 · 후춧가루 약간씩

1 감자를 반으로 잘라 평평한 면을 아래쪽으로 두고 감자 양 옆에 젓가락 두 개를 놓아요.

2 0.5mm 간격으로 젓가락 위쪽까지 감자에 칼집을 넣어요(아코디언처럼 아랫면은 붙어 있고 윗면은 벌려주세요).

3 요리용 붓으로 감자 겉면에 기름을 발라줘요.

4 칼집 사이사이에 허브를 고루 뿌린 뒤 220℃로 예열한 오븐에서 1시간 정도 충분하게 구워요.

당근피클

(1L)

채 썬 당근 500g, 식초 250g, 물 250g, 올리고당 2t,

얇게 썬 마늘 10g, 통후추1/3t, 소금 약간, 청량고추 2개(선택)

1   냄비에 모든 재료를 넣고 중불로 가열해요.

2   보글보글 끓기 시작하면 불을 끄고 병에 담아 하룻밤 냉장 보관한 다음 드세요.

RECIPE

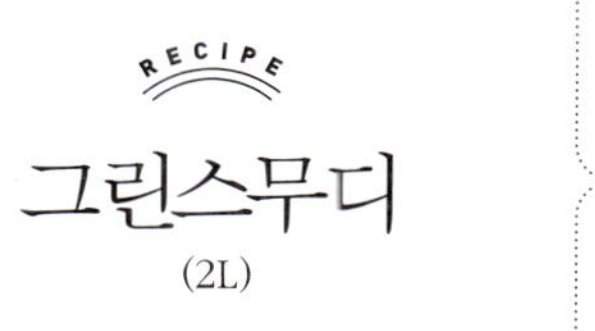

그린스무디

(2L)

얇게 썬 오이 200g, 오렌지즙 200g, 자몽즙 100g, 레몬즙 1T, 올리고당 1T(선택)

모든 재료를 블렌더로 곱게 갈아요.

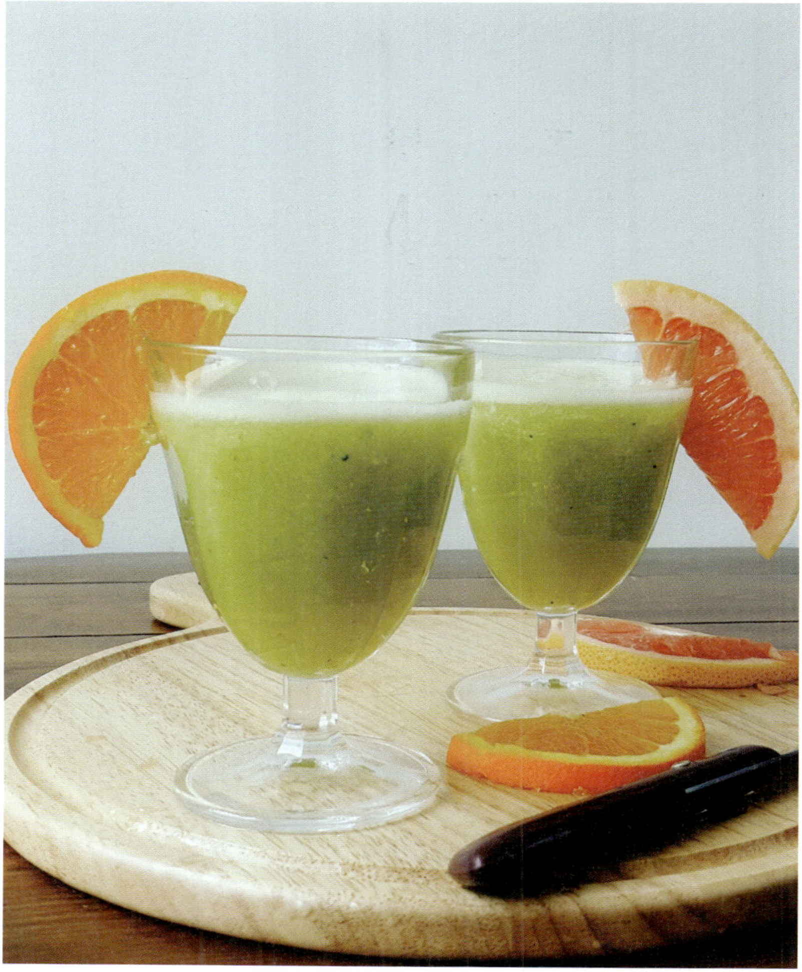

Schweinshaxe
Sauerkraut

슈바인학센

사우어크라우트

특별한 독일식 식탁을 소개해드려요. 겉껍질은 바삭하고 속살은 부드러운 슈바인학센은 독일의 축제나 비어하우스에서 빠지지 않는 대표 요리지요. 의외로 조리법이 간단하답니다. 기분 좋게 맥주 한잔하며 곁들이기에 좋은 메뉴지요. 아삭한 사우어크라우트를 곁들여 제대로 된 독일식 슈바인학센을 즐겨보세요.

슈바인학센
(3-4인분)

맥주를 넣고 오븐으로 굽는 방법

돼지사태 1kg, 맥주 1L, 생강 20g

소스 : 허니머스터드(디종머스터드 2T+꿀 1T) 또는 프렌치머스터드나 바비큐소스

1 사태는 찬물로 깨끗이 손질해 맥주와 생강을 넣고 2시간 중불에서 삶아요.
   (고기가 푹 잠겨야 좋으니 작고 깊은 냄비가 좋아요.)

2 중간에 고기를 한 번 뒤집어서, 물 표면 위로 드러나 있던 부분이 잠기게 해주세요.

3 190℃로 예열한 오븐에 1시간 정도 고기 겉면이 바삭하는 소리가 나며 갈색이 될 때까지 구워요.

와인을 넣고 밥솥으로 찌는 방법

돼지사태 1kg, 화이트와인 200g, 채소 국물(p.379 참조) 또는 닭육수 200g, 로즈마리 2T, 올리브유 2T, 통마늘 · 생강 ·
월계수 잎 · 소금 · 후춧가루 약간씩, 허니머스터드소스(디종머스터드 5T+꿀 2T)

1 돼지사태에 소금 · 후춧가루로 밑간한 뒤 비닐로 1시간 이상 꽁꽁 싸둬요.

2 올리브유를 넉넉히 두르고 중불로 달군 냄비에 통마늘을 볶다 고기를 넣고 겉을 바싹 익혀요.

3 2에 와인과 로즈마리를 넣고 뚜껑을 닫아 국물이 반으로 될 때까지 졸여요.

4 3을 밥솥에 담아 준비한 육수를 붓고 생강과 월계수 잎을 넣어 30분 정도 쪄요.

5 중불로 달군 팬에 올리브유와 로즈마리를 뿌리고 4의 돼지고기를 넣어 바싹 구워요. 이때 밥솥에
   남은 소스를 덧바르며 촉촉하게 구워요.

6 식힌 뒤 잘라 허니머스터드소스나 일반 머스터드소스와 함께 내요.

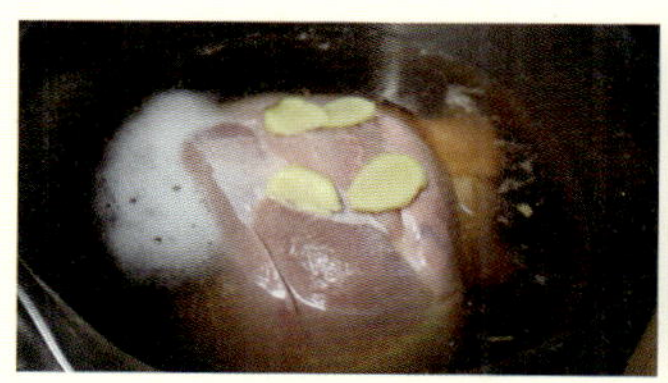 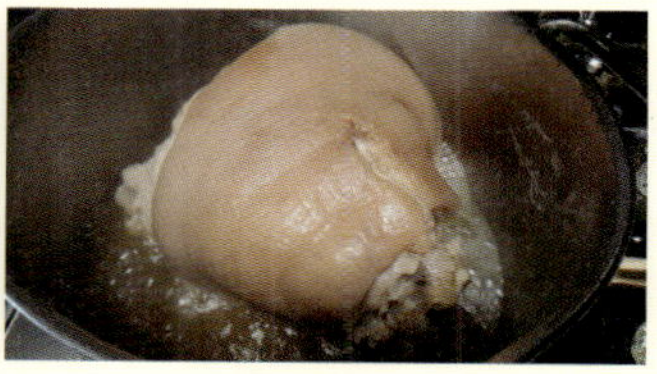

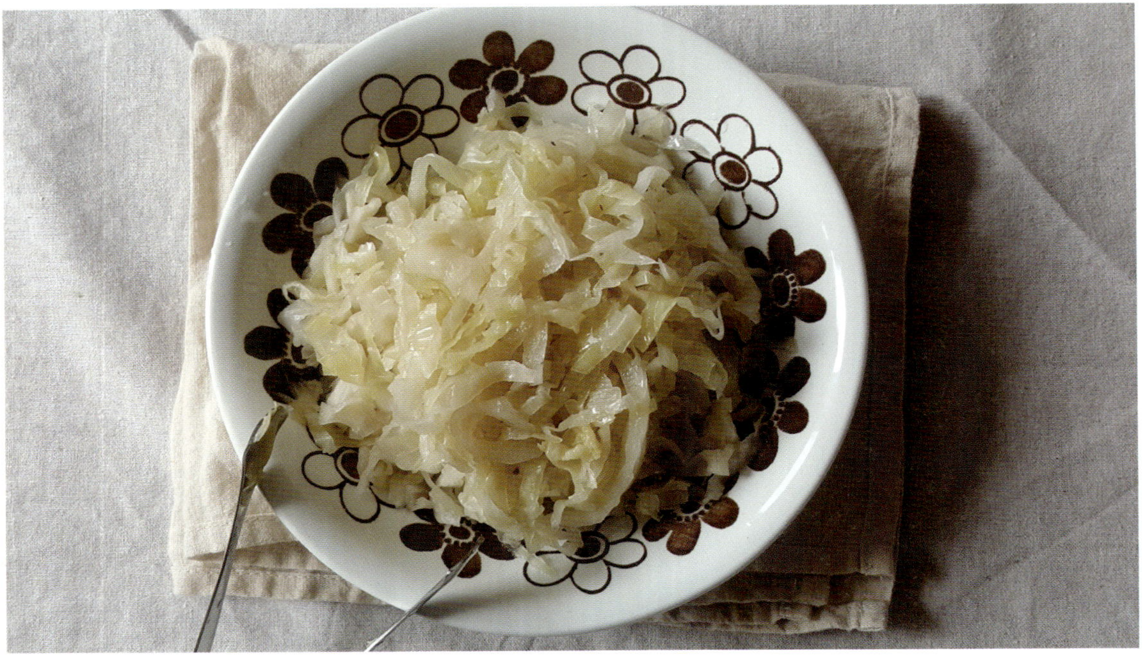

RECIPE

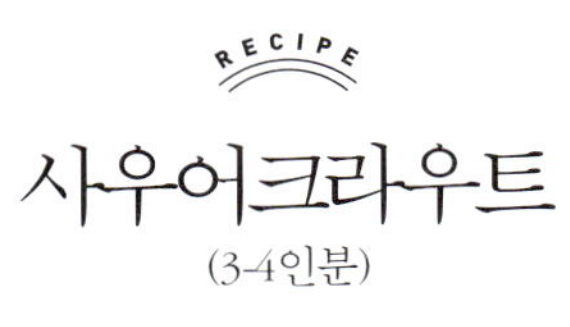

사우어크라우트

(3-4인분)

×

양배추 750g, 식초 400g, 소금 2t, 올리고당 280g, 후춧가루 약간, 월계수 잎 약간(선택)

1 양배추를 잘게 썰어 다져 냄비에 담아요.

2 **1**을 식초와 소금에 버무려 5분 정도 둬요.

3 **2**에 올리고당을 넣어 버무려 5분 더 둬요.

4 **3**에 월계수 잎과 후춧가루를 넣고 중불에서 끓이다 약불로 줄여 물기가 자작해질 때까지 20분 정도 졸여요. 한 김 식혀 냉장 보관해요.

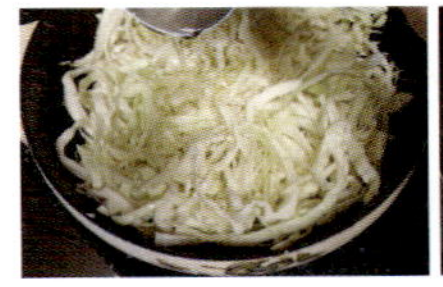

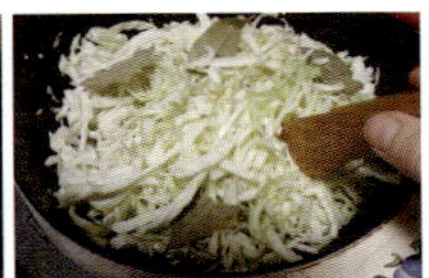

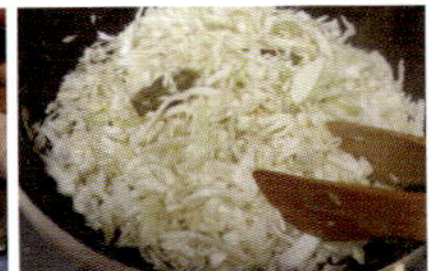

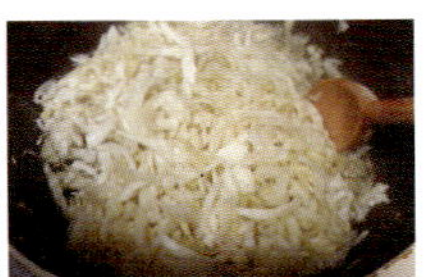

채소 국물

냄비에 반 정도의 물을 넣고 물양의 1/3 분량의 양파, 당근, 대파, 버섯 등의 채소를 넣고 중불
에서 끓이다 약불로 줄여 30분 정도 졸여요. 식혀서 면포에 걸러 냉장 보관하면 일주일 정도 사
용 가능합니다. 넉넉히 만들어 냉장이나 냉동 보관하면 요리할 때마다 유용하답니다.

과카몰리 (1-2인분)

아보카도 150g, 방울토마토 50g, 다진 마늘 1t, 레몬즙 1t, 소금 · 후춧가루 약간씩

방울토마토를 제외한 모든 재료를 으깬 뒤 4등분
한 방울토마토를 마지막에 살살 섞어주세요.
미리 만들어둘 때는 레몬슬라이스를 올려 둔다든
지, 랩으로 공기층이 없게 잘 싸서 비닐로 한 번 더
감싸두면 됩니다.

크루통 (3-4인분)

1cm 크기로 깍둑썰기한 식빵 500g, 올리브유 3T, 다진 마늘 1T, 파르메산치즈가루 3T, 건조 파슬리가루 1T, 소금 1/4t

볼에 올리브유, 다진 마늘, 파르메산치즈가루, 파슬리가루, 소금을 섞은 뒤 빵과 버무린 다음 160℃로 예열한 오븐에서 30분 정도 노릇하게 구우면서 중간에 한 번 뒤적여 골고루 구워주세요.

피자도우 (1-2인분)

통밀가루(또는 강력분) 225g, 베이킹파우더 1t, 올리브유 2T, 물 90g, 소금 1/2t

볼에 재료를 모두 넣고 거품기로 잘 섞은 다음 한 덩어리로 반죽하여 밀대로 20cm로 정도 넓이로 납작하게 밀어요.

팬에 구울 경우

1. 중불로 달군 팬에 올리브유를 두르고 티슈로 팬을 살짝 닦아내요.

2. 1에 반죽을 올려 1분 정도 한 쪽면을 구운 뒤 뒤집어 약불로 줄여 다른 면도 구워요.

3. 뚜껑을 덮고 2분 정도 더 굽고 다시 도우를 뒤집고 3분 정도 노릇하게 구워요.

오븐에 구울 경우

익힌 토핑을 올려 구을 경우 -도우를 25분 정도 구우면 바삭합니다. 약간 촉촉한 걸 원한다면 23분 정도 구운 다음 준비한 토핑을 올려 먹어요.

익히지 않은 토핑을 올려 구울 경우

반죽을 180℃로 예열한 오븐에서 10분 정도 구워 꺼내 소스를 바르고 토핑을 올려 15분 정도 더 구워요.

셰므아의 베이킹 클래스로 다시 찾아뵙겠습니다~
Photo by MI Hee Kang